"1+X"职业技能等级证书培训专业教材

无人机摄影测量

Unmanned Aerial Vehicle Photogrammetry

周金宝　主　编

韩立钦　邹娟茹　副主编

测绘出版社

·北京·

内容简介

本书是"1+X"无人机摄影测量职业技能等级证书(初级、中级、高级)培训专业教材。

本书根据教育部职业技术教育中心研究所公布的"无人机摄影测量等级标准"要求编写而成。内容包含无人机摄影测量基础知识,以及无人机航空摄影、像片控制测量、解析空中三角测量、数字高程模型、数字正射影像图、数字矢量地图、无人机倾斜摄影测量的作业流程。教材编写兼顾知识的系统性和技能培训的操作性,可作为高等职业技术学校、应用技术型大学及中等职业学校无人机摄影测量等相关专业的教学用书,也可作为社会学习者的学习用书。

本书配有相关电子素材,可登录"1+X"无人机摄影测量职业技能等级证书在线学习平台(网址:www.shsm1plusx.com)浏览,同时平台提供相关资料下载服务。

图书在版编目(CIP)数据

无人机摄影测量 / 周金宝主编. -- 北京：
测绘出版社,2022.9 (2023.12 重印)
"1+X"职业技能等级证书培训专业教材
ISBN 978-7-5030-4434-2

Ⅰ. ①无… Ⅱ. ①周… Ⅲ. ①无人驾驶飞机－低空飞行－航空摄影测量－职业技能－鉴定－教材 Ⅳ.
①P231

中国版本图书馆 CIP 数据核字(2022)第 133297 号

无人机摄影测量

Wurenji Sheying Celiang

责任编辑	李　莹		封面设计	李　伟		责任印制	陈姝颖
出版发行	测绘出版社				电　话	010－68580735(发行部)	
						010－68531363(编辑部)	
地　址	北京市西城区三里河路 50 号						
邮政编码	100045				网　址	https://chs.sinomaps.com	
电子信箱	smp@sinomaps.com				经　销	新华书店	
成品规格	184mm×260mm				印　刷	北京建筑工业印刷有限公司	
印　张	14.5				字　数	359 千字	
版　次	2022 年 9 月第 1 版				印　次	2023 年 12 月第 2 次印刷	
印　数	3001－6000				定　价	52.00 元	
书　号	ISBN 978-7-5030-4434-2						

本书如有印装质量问题,请与我社发行部联系调换。

编委会名单

编委会成员单位名单

三和数码测绘地理信息技术有限公司
黄河水利职业技术学院
昆明冶金高等专科学校
河南测绘职业学院
天水师范学院
河南工业职业技术学院
山东水利职业学院
陕西铁路工程职业技术学院
杨凌职业技术学院
广东工贸职业技术学院
兰州资源环境职业技术大学
甘肃工业职业技术学院
甘肃林业职业技术学院
白银矿业职业技术学院
咸宁职业技术学院
甘肃农业职业技术学院
河南水利与环境职业学院
广西自然资源职业技术学院

前　言

本书是依据教育部第四批"1＋X"无人机摄影测量职业技能等级证书标准编写的专用教材,内容涵盖了初级、中级和高级模块。教材以生产为导向,以技能为核心,以项目为载体,以任务为引领,注重真实情境的营造,使学习者能通过真实生产项目掌握无人机摄影测量的基础知识、实践技能和岗位需求,反映了技术发展和行业应用方向。

教材内容一方面介绍了无人机荷载、装配、测绘原理和无人机行业应用等基础知识,另一方面对无人机航空摄影、像片控制测量、解析空中三角测量、数字高程模型、数字正射影像图、数字矢量地图、倾斜摄影测量等核心内容,结合生产案例进行了详细的讲解,能够满足学习者掌握相关业务技能的需要。

教材面向高等职业院校、应用技术型大学以及中等职业学校的无人机测绘、摄影测量与遥感、工程测量、测绘地理信息技术等专业教学实训,也可作为测绘地理信息行业职业技能培训用书。全书内容翔实、通俗易懂,并配有信息化资源,满足教学和自主学习需要。

三和数码测绘地理信息技术有限公司成立了校企合作的教材编写委员会,成员单位有:三和数码测绘地理信息技术有限公司、黄河水利职业技术学院、昆明冶金高等专科学校、河南测绘职业学院、天水师范学院、河南工业职业技术学院、山东水利职业学院、陕西铁路工程职业技术学院、杨凌职业技术学院、广东工贸职业技术学院、兰州资源环境职业技术大学、甘肃工业职业技术学院、甘肃林业职业技术学院、白银矿业职业技术学院、咸宁职业技术学院、甘肃农业职业技术学院、河南水利与环境职业学院、广西自然资源职业技术学院等。

为提高教材编写质量,三和数码测绘地理信息技术有限公司组织各成员单位专家、教师多次进行研讨交流,通过广泛深入的论证,确定了教材编写范式、提纲和内容,成立了教材编写团队。

本书由周金宝担任主编,韩立钦、邹娟茹任担任副主编。谭金石、任智龙、吴文魁、周金宝参编项目一,万保峰、邵金鹏、雷剑、马星宇、廖文博参编项目二,黎飞明、吴迪、郭剑参编项目三,祖为国、武燕强、王审娟、胡泊参编项目四,吴献文、胡文欣参编项目五,张华荣、贾玄娜参编项目六,张克、魏军、王萍参编项目七,邹娟茹、伍根、陈琴参编项目八,周金宝、韩立钦编写了各项目实训和技能内容。全书由邹娟茹统稿。

教材编写委员会审定了全书,郭增长教授对全书提出了宝贵的修改意见和建议。特别感谢教材编写委员会各成员单位及参编人员对教材编写的贡献。

感谢上海瞰景科技有限公司、北京达北科技有限公司、武汉航天远景科技有限公司、武汉智觉空间科技有限公司、北京易绘空间信息技术有限公司对教材编写提供硬件、软件及技术资料支持。感谢三和数码测绘地理信息技术有限公司教授级高级工程师、执行董事兼总经理陈重奎组织教材的策划、论证和编写工作。感谢甘肃工业职业技术学院张晓东教授为教材组稿、审定和出版所做的协调工作。

本书也得到了国家科技资源共享服务平台项目（E01Z790201）、甘肃省青年博士基金项目（2021QB-141）和河南省科技智库调研课题（HNKJZK-2022-56B）的支持。

编者虽志在编出精品教材，但无人机测绘技术及应用进步很快，加之编写能力有限，难免存在不足，敬请读者指正。

目 录

项目一　无人机摄影测量基础

学习无人机摄影测量之前,需要了解摄影测量技术基础理论知识,为更好地掌握摄影测量的实践技能打好基础。本项目从摄影测量基本理论、无人机摄影测量软硬件设备、无人机摄影测量技术流程等方面进行无人机摄影测量基础知识学习。

任务一　摄影测量基本理论

一、任务描述

本任务从摄影测量的概念、分类、发展现状,航摄像片几何特性、坐标系统、内外方位元素等方面系统地学习摄影测量技术的基本原理。

二、教学目标

(1)掌握摄影测量的概念、分类。

(2)了解摄影测量发展现状。

(3)理解航摄像片特性、常用坐标系统及内外方位元素。

(4)掌握共线方程定义,了解其应用。

三、知识准备

(一)摄影测量概念

摄影测量是利用航摄仪获取像片,通过处理获取被摄物体的形状、大小、位置、特性及其相互关系的一门学科。通俗地讲,摄影测量由二维影像构建三维空间,通过影像对物体进行测量。

摄影测量的基本任务是处理采集的影像信息,获取被摄物体的几何信息和物理信息。其主要任务是将拍摄的影像数据加工成 4D 测绘产品❶及实景三维模型,测制各种比例尺的地形图和专题图,建立地形数据库并为各种地理信息系统提供基础数据。

(二)摄影测量分类

(1)根据摄影相机所处位置的不同,摄影测量学可分为地面摄影测量、航空摄影测量和航天摄影测量。

(2)根据技术处理手段的不同,摄影测量学可分为模拟摄影测量、解析摄影测量和数字摄影测量。

(3)根据应用领域的不同,摄影测量学又可分为地形摄影测量、非地形摄影测量。

——地形摄影测量是测绘地形图的作业。

——非地形摄影测量是摄影测量的一个分支,不以测制地形图为目的,主要研究物体的形状和大小的理论和技术,可以直接利用航空摄影测量与地面摄影测量的理论。

(三)摄影测量发展历程

摄影测量的发展,经历了模拟摄影测量、解析摄影测量和数字摄影测量三个阶段。

---

❶　包括数字正射影像图(digital orthophoto map,DOM)、数字高程模型(digital elevation model,DEM)、数字矢量地图(digital line graph,DLG)和数字栅格地图(digital raster graph,DRG)。

1. 模拟摄影测量

模拟摄影测量是用光学机械的方法模拟摄影时的几何关系,通过对航空摄影过程的几何反转,由像片重建一个缩小了的所摄物体的几何模型,对几何模型进行量测便可得出所需的图形,如地形原图。模拟摄影测量是最直观的一种摄影测量,也是延续时间最久的一种摄影测量。自从 1859 年法国人 Laussedat 在巴黎用像片测制地形图的试验获得成功,从而诞生摄影测量技术以来,除最初的手工量测以外,模拟摄影测量主要是致力于模拟解算的理论方法和设备研究。在人类发明飞机以前,虽然借助气球和风筝也取得了空中拍摄的照片,但是并未形成真正意义上的航空摄影测量。在人类发明飞机以后,特别是第一次世界大战加速了航空摄影测量事业的发展,模拟摄影测量的技术方法也由地面摄影测量发展到航空摄影测量的阶段。

2. 解析摄影测量

解析摄影测量是伴随电子计算机技术的出现而发展起来的一门高新技术。这项技术始于 20 世纪 50 年代末,完成于 20 世纪 80 年代,解析摄影测量是依据像点与相应地面点间的数学关系,用电子计算机解算像点与相应地面点的坐标和进行测图解算的技术。在解析摄影测量中,利用少量的野外控制点、加密测图用的控制点或其他用途的更加密集的控制点,采用较严密的数学公式,按最小二乘法原理,用电子计算机解算待定的平面坐标和高程的工作,称为解析空中三角测量。由电子计算机实施解算和控制的测图则称为解析测图。相应的仪器系统称为解析测图仪。解析空中三角测量俗称电算加密。电算加密和解析测图仪的出现,是摄影测量进入解析摄影测量阶段的重要标志。

3. 数字摄影测量

数字摄影测量是以数字影像为基础,用计算机进行分析和处理,确定被摄物体空间位置及其性质的技术。数字影像可以定义为一组离散的二维灰度矩阵,每个矩阵元素的行列序号代表这个矩阵元素在像片中的位置,元素的数值为像片的灰度。矩阵元素在像片中的尺寸大小,称为像素(也称像元,pixel)。

数字影像的获取方式有两种,一是由数字式遥感器在摄影时直接获取,二是通过对像片进行数字化扫描获取。对已获取的数字影像进行预处理,使之适于判读与量测,然后在数字摄影测量系统中进行影像匹配和摄影测量处理,便可以得到各种数字成果,这些成果可以输出成图形、图像,也可以直接应用。

数字摄影测量适用性很强,能处理航空像片、航天像片和近景摄影像片等各种资料,能为地图数据库的建立与更新提供数据,能用于制作数字地形模型、数字地球。数字摄影测量是地理信息系统获取地面数据的重要手段之一。20 世纪 90 年代,数字摄影测量系统进入实用化阶段,并逐步替代传统的摄影测量仪器和作业方法。

摄影测量三个发展阶段的特点见表 1-1。

表 1-1　摄影测量三个发展阶段特点

发展阶段	原始资料	投影方式	仪器	操作方式	产品
模拟摄影测量	像片	物理投影	模拟测图仪	作业员手工	模拟产品
解析摄影测量	像片	数字投影	解析测图仪	机助作业员操作	数字产品
数字摄影测量	数字影像	数字投影	计算机	作业员干预	数字化影像

(四)航摄像片的几何特性

1. 中心投影

一个空间点按一定方式在一个平面上的构像,叫作该空间点的投影。投影方式包括平行投影、中心投影两种,其中平行投影又分为垂直平行投影和倾斜平行投影。而航空摄影的影像都是中心投影的方式,所有投射线或其延长线都通过一个固定点(焦点),如图 1-1 所示。其中 AB 面为地物所在平面,$a'b'$ 为真实像平面的位置,ab 面为虚像位置。

2. 像点位移

当像片倾斜或地面起伏时,地面点在航摄像片上的构像相对于理想情况下的构像所产生的位置差异称为像点位移。像点位移包括两类,一类是由像片倾斜引起的,一类是由地形起伏引起的。

1)像片倾斜引起的像点位移

理想情况下,航空摄影时像片是完全平行于地面的,但是由于气流的影响、飞机颠簸,飞行时姿态很难控制到使飞机完全平行于地面,因此,实际航空摄影时像片与地面之间存在一定的倾斜。相对于有人机航空摄影,无人机自重轻,受飞行气流的影响更大,航空影像倾斜的角度也更大,如图 1-2 所示。

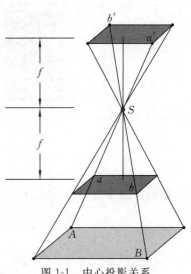

图 1-1　中心投影关系

2)地形起伏引起的像点位移

地形起伏引起的像点位移在有人驾驶的航空影像和无人驾驶的航空影像当中都存在。分析地形起伏引起的像点位移原理,如图 1-3 可知,该像点位移与航高和地物本身的高度有关,航高越低,地形起伏引起的像点位移越大,地物越高,像点位移越大。因此,对于无人机摄影测量,地形起伏引起的像点位移也比传统摄影测量手段带来的影响更大。

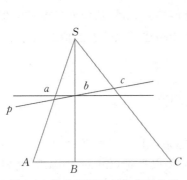

图 1-2　像片倾斜引起的像点位移

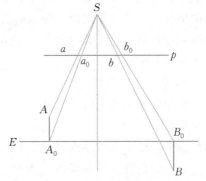

图 1-3　地形起伏引起的像点位移

3. 像片重叠度

像片重叠度是指相邻的两张像片重叠部分占整张像片的比例,包括航向重叠度和旁向重叠度。航向重叠度指沿飞行方向相邻两张像片重叠部分与像片像幅长度的比例,常用字母 p 表示。旁向重叠度是指相邻航线两张像片沿垂直于飞行方向的重叠部分与像幅边长的比例,用字母 q 表示,见图 1-4。传统航空摄影测量中,为了保证测图精度,对重叠度有严格的技术要求。一般航向重叠度应达到 $60\%\sim65\%$，最小应不小于 53%；旁向重叠度应达到 $30\%\sim$ 40%，最小应不小于 15%。无人机航空摄影测量中，由于飞行稳定性相对较差，主要以保证有效航向和旁向重叠为主，航向重叠度一般应为 $60\%\sim80\%$，旁向重叠度一般应为 $15\%\sim60\%$。在保证满足摄区内最低点分辨率和最高点重叠度符合数据处理要求的前提下，尽量规范重叠度指标。

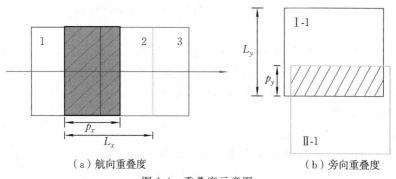

（a）航向重叠度　　　　　　　　　　　（b）旁向重叠度

图 1-4　重叠度示意图

航向重叠度的计算公式为

$$p = \frac{p_x}{L_x} \times 100\%$$

旁向重叠度的计算公式为

$$q = \frac{p_y}{L_y} \times 100\%$$

式中：p_x 为航向像片重叠像素长；p_y 为旁向像片重叠像素长；L_x 为像幅像素长；L_y 为像幅像素宽。

（五）摄影测量常用的坐标系统

摄影测量几何处理的任务是根据像片上像点的位置确定相应地面点的空间位置，这就需要选择适当的坐标系来定量描述像点和地面点，才能建立关系，从像方坐标求出相应点在物方的坐标。摄影测量常用坐标系有两大类：一类是用于描述像点位置的像方坐标系；另一类是描述地面点位置的物方坐标系。

1. 像方坐标系

像方坐标系用来表示像点的平面坐标和空间坐标。

1)像平面坐标系

像平面坐标系是以主点为原点的右手平面坐标系，用 $o-xy$ 表示，如图 1-5(a)所示，用来表示像点在像片上的位置。但在实际应用中，常采用以框标(fiducial mark，量测型相机像面框架上的框标标志)连线交点为原点的右手平面坐标系 $p-xy$，称为框标平面坐标系，如图 1-5(b)所示。x、y 轴的方向按需要而定，可选与航线方向相近的连线为 x 轴，若框标位于像片的四角上，则以对角框标连线交角的平分线确定 x、y 轴。

在摄影测量解析计算中，像点的坐标应采用以像主点为原点的像平面坐标系中的坐标。为此，当像主点与框标连线交点不重合时，需将像框标坐标系原点平移至像主点，如图 1-5(c)所示。当像主点在像框标坐标系中的坐标为 (x_0, y_0) 时，测量出的像点坐标 (x, y) 换算到以像主点为原点的像平面坐标系中的坐标为$(x-x_0, y-y_0)$。

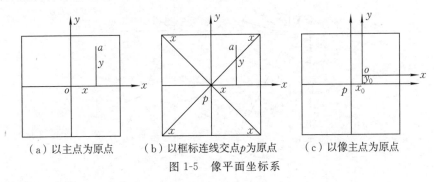

（a）以主点为原点　　（b）以框标连线交点p为原点　　（c）以像主点为原点

图 1-5　像平面坐标系

2）像空间坐标系

为了进行像点的空间坐标变换，需要建立起描述像点在像空间位置的坐标系，即像空间坐标系。以摄影中心S为坐标原点，x、y轴与像平面坐标系的x、y轴平行，z轴与光轴重合，形成像空间右手直角坐标系$S-xyz$，如图 1-6 所示。在像空间坐标系中，每一个像点的z坐标都等于$-f$，而x、y坐标就是像点的像平面坐标(x, y)，因此像点的像空间坐标表示为$(x, y, -f)$。像空间坐标系随着像片的空间位置而定，所以每张像片的像空间坐标系是各自独立的。

3）像空间辅助坐标系

像点的像空间坐标可以直接从像片平面坐标得到，但由于各像片的像空间坐标系不统一，给计算带来了困难，为此，需建立一种相对统一的坐标系，称为像空间辅助坐标系，用$S-uvw$表示，其坐标原点仍取摄影中心S，坐标轴可依情况而定。通常有三种选取方法：① 取u、v、w轴系分别平行于地面摄影测量坐标系$D-XYZ$，这样同一像点a在像空间坐标系中的坐标为(x, y, z)，$z = -f$，而在像空间辅助坐标系中的坐标为(u, v, w)，如图 1-7(a)所示；②以每对立体像对的左片摄影中心为坐标原点，摄影基线方向为u轴，将摄影基线及左片光轴构成的平面作为uw平面，过原点且垂直于uw平面（左核面）的轴为v轴，构成右手直角坐标系，如图 1-7(b)所示；③将每条航线第一张像片的像空间坐标系作为像空间辅助坐标系。

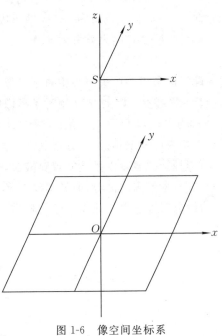

图 1-6　像空间坐标系

2．物方坐标系

物方坐标系用于描述地面点在物方空间的位置，有摄影测量坐标系、地面测量坐标系及地面摄影测量坐标系三种。

（1）摄影测量坐标系：物方空间选定的一种符合右手定则的空间直角坐标系，它是航带网中一种统一的坐标系，用来表示各模型点在构成航带网后的统一坐标，坐标轴通常分别与第一张像片（或第一对像对）的像空间辅助坐标系的各坐标轴平行。

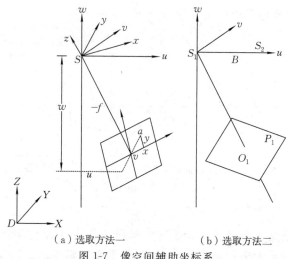

（a）选取方法一　　　　　（b）选取方法二

图 1-7　像空间辅助坐标系

（2）地面测量坐标系：通常是指大地坐标系（如 2000 国家大地坐标系，即 CGCS2000）下的高斯-克吕格 6°或 3°（或任意带）投影的平面直角坐标与定义的从某一基准面（如 1985 国家高程基准）量起的高程组合而成的左手系。

（3）地面摄影测量坐标系：摄影测量坐标与地面测量坐标相互转换的过渡性坐标系，以航线方向为 x 轴，向上为 z 轴，与 y 轴形成右手系，属于运算坐标系。

（六）航摄像片的内外方位元素

1. 内方位元素

确定摄影机的镜头中心相对于影像位置关系的参数，称为影像的内方位元素。内方位元素包括三个参数：像主点 O 相对于影像中心的位置 x_0、y_0 以及镜头中心到影像面的垂直距离 f（也称为主距），如图 1-8 所示，图中 S 为投影中心。传统航空摄影测量中，有人驾驶的飞机搭载的均为量测型相机，内方位元素在出厂前已经严密量测得到。由于无人机有载重和搭载体积的限制，一般难以搭载常规航摄仪，搭载的多是非量测型相机。这些非量测型相机具有质量轻、分辨率较高的优势，但是却没有准确的内方位元素，同时有镜头畸变差较大的缺点。因此，后续数据处理中往往需要进行相机检校和镜头畸变差改正。

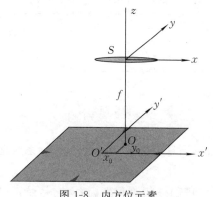

图 1-8　内方位元素

相机检校参数一般存放在相机文件中，相机文件记录了影像的基本参数，是进行数字影像内定向及影像畸变改正的依据。相机文件一般包含像主点坐标、焦距、传感器大小、像素大小、畸变参数等。相机文件一般通过相机检校获取，检校的方法有实验室法、试验场法、自检校法。

2. 外方位元素

确定影像或摄影光束在摄影瞬间的空间位置和姿态的参数称为影像的外方位元素。一幅影像的外方位元素包括六个参数。其中三个元素称为外方位线元素，用于描述摄影中心 S 相对于物方空间坐标系的位置 (X_S, Y_S, Z_S)；另外三个称为外方位角元素，用于描述影像面在摄影瞬间的空间姿态。外方位角元素因采用的转角系统不同而用不同的元素表示,当采用以 y 轴为主轴的转角系统时,表示为航向倾角 φ、旁向倾角 ω 和像片旋角 κ。

(七)共线方程

摄影测量就是要把中心投影的影像变换为正射投影的地形图等成果,为此,就要讨论像点与相应物点之间的关系。共线方程是建立起像点、地面点及摄影中心三点之间直线关系的数学方程式,是摄影测量的核心方程式。方程式如下

$$
\left.
\begin{aligned}
x &= -f \frac{a_1(X_A - X_S) + b_1(Y_A - Y_S) + c_1(Z_A - Z_S)}{a_3(X_A - X_S) + b_3(Y_A - Y_S) + c_3(Z_A - Z_S)} \\
y &= -f \frac{a_2(X_A - X_S) + b_2(Y_A - Y_S) + c_2(Z_A - Z_S)}{a_3(X_A - X_S) + b_3(Y_A - Y_S) + c_3(Z_A - Z_S)}
\end{aligned}
\right\}
\tag{1-1}
$$

式中包括 12 个值,其中:(x,y) 为像点的像平面坐标;f 为影像的内方位元素;(X_S,Y_S,Z_S) 为摄站点的物方空间坐标;(X_A,Y_A,Z_A) 为物方点的物方空间坐标;a_i、b_i、$c_i (i=1,2,3)$ 为影像的 3 个外方位角元素组成的 9 个方向余弦。

主要应用如下:

(1)单像空间后方交会和多像空间前方交会。

(2)光束法平差模型。

(3)数字投影的基础。

(4)结合数字高程模型(DEM)制作单幅影像。

其中,空间后方交会是利用航片上的三个以上像点坐标和对应地面点坐标,通过共线方程计算影像外方位元素的工作。空间前方交会是利用立体像对两张影像的同名像点坐标、内方位元素和外方位元素,解算像点对应地面点坐标的工作。空间前方交会有两种方法,一是基于共线方程的前方交会法,二是基于点投影系数的前方交会法。

四、思考题

1. 摄影测量的任务与特点分别是什么?
2. 数字摄影测量与传统摄影测量的根本区别是什么?
3. 当前摄影测量阶段相对于前面阶段,有什么特别之处?

任务二　无人机摄影测量系统

一、任务描述

本任务学习无人机、无人机摄影测量以及无人机摄影测量系统(无人机航空摄影系统、摄影测量软件系统)相关的基础知识,为后续无人机摄影测量实施奠定基础。

二、教学目标

(1)了解无人机的定义、组成。

(2)掌握无人机摄影测量的概念。

(3)了解无人机航空摄影系统的各个组成部分。

(4)掌握无人机摄影测量软件系统的组成与特点。

三、知识准备

(一)无人机

无人机(unmanned aircraft,UA)是由控制站管理(包括远程操纵或自主飞行)的航空器,也称远程驾驶航空器(remotely piloted aircraft,RPA)。无人机系统(unmanned aircraft system,UAS)也称远程驾驶航空器系统(remotely piloted aircraft system,RPAS),是指由无人机、控制站、指令与控制数据链路、型号设计规定的任何其他部件组成的系统。无人机系统包括地面系统、飞机系统、任务载荷和无人机使用保障人员。

(二)无人机摄影测量

无人机摄影测量是无人机技术及摄影测量技术应用的具体体现,它是通过在无人机上搭载相机、激光发射器等遥感设备,以摄影测量的方式采集目标区域的影像、点云等数据,利用数据处理软件对采集的数据进行处理,得到目标区域数字正射影像图、数字高程模型、实景三维模型等基础地理信息数据成果,实现测绘的目的。

无人机摄影测量的内容主要包括无人机航空摄影(影像信息获取)及影像数据处理。

1. 无人机航空摄影

无人机航空摄影,主要指利用无人机搭载摄影机(相机),获取地面目标信息。

2. 影像数据处理

影像数据处理的过程一般称为内业生产,所使用的硬件及软件系统称为摄影测量系统。内业生产一般包括数字测绘产品如数字正射影像图(DOM)、数字高程模型(DEM)、数字矢量地图(DLG)、数字栅格地图(DRG),以及其他可视化产品,如数字地图、专题图、纵横断面图、透视图、电子地图、实景三维模型、数字表面模型(digital surface model,DSM)等的生产。

无人机摄影测量作业需要由无人机摄影测量系统完成。与无人机摄影测量内容对应,无人机摄影测量系统由无人机航空摄影系统和摄影测量软件系统组成。无人机航空摄影系统指将传感器安装在无人机上对目标进行拍摄的整个飞行摄影系统。摄影测量软件系统的功能是对获得的影像数据进行专业处理,包括空中三角测量、DEM 生产、DOM 生产、DLG 生产、实景三维模型制作等,最终形成各类测绘产品。

(三)无人机航空摄影系统

无人机航空摄影系统通常由无人机飞行平台、无人机飞行控制系统、无人机任务载荷组成。

1. 无人机飞行平台

无人机飞行平台即无人机本身,是搭载测绘航空摄影、遥感传感器等设备的载体,是无人机航空摄影系统的平台保障。目前,应用于测绘的无人机飞行平台主要有固定翼无人机、多旋翼无人机(无人直升机)及飞艇等。图 1-9 是测绘航空摄影的无人机飞行平台示例。

固定翼无人机通过动力系统和机翼滑行实现起降和飞行,遥控飞行和程序控制飞行均容易实现,抗风能力也比较强,是类型最多、应用最广泛的无人驾驶飞行器,其发展趋势是微型化和长航时。固定翼无人机具有结构简单、加工维修方便、安全性好、机动性强等特点,但是其起降要求场地空旷、视野好,在起降场地受限时无法发挥作用。

多旋翼无人机具有良好的飞行稳定性,对起飞场地要求不高,适用于起降空间狭小、任务环境复杂的场合,有人工遥控、定点悬停、航线飞行多种飞行模式,在城市大型活动应急保障、灾害应急救援中具有明显的技术优势。比较有代表性的是自转多旋翼无人机和倾转多旋翼无人机。

（a）固定翼无人机　　　　　　（b）多旋翼无人机　　　　　　（c）无人直升机

图 1-9　无人机飞行平台

无人直升机具备垂直起降、空中悬停和低速机动能力,能够在地形复杂的环境下进行起降和低空飞行,具有多旋翼和固定翼无人机不具备的优势,独特的飞行特点决定了它不可替代的优势。它起飞重量大,可以搭载激光雷达、红外传感器等大型传感设备。

2. 无人机飞行控制系统

无人机飞行控制系统,简称“飞控”,它集成了高精度的感应器元件,主要由陀螺仪、加速计、角速度计、气压计、全球导航卫星系统(global navigation satellite system,GNSS)定位设备以及控制电路等部件组成。通过高效的控制算法内核,能够精准地感应并计算出飞行器的飞行姿态等数据,再通过主控制单元实现精准定位悬停和自主平稳飞行。飞控的功能非常丰富,通常与相机控制系统进行合并,因此可以实现预先制定飞行路线、飞行高度、拍照位置等进行全自动航空摄影。

3. 无人机任务载荷

无人机任务载荷主要是指搭载在无人机平台的各种传感器设备。无人机测绘中常用的传感器有单镜头相机(非量测型数码相机、量测型数码相机等)、多镜头倾斜摄影相机、红外传感器、激光雷达、视频摄像机等。实际作业中,根据测量任务的不同,配置相应的任务载荷。与星载光学测绘系统相比,航空测绘系统在成像分辨率、测绘精度、信噪比、辐射特性测量、成图比例、测绘成本、操作灵活性等方面具有较大优势。

随着经济和社会的发展,航测任务需求大幅增加,所涉及的行业领域也越来越多,开始由地形测绘向林业、农业、电力、矿业、环境保护、城乡规划等领域拓展,为测绘装备提供了良好的发展机会。同时,用户对装备的细节获取能力、信息内容、可操作性、时效性等方面的要求也越来越高,对装备的性能提出了更为苛刻的要求。

1)单镜头相机

无人机摄影测量常用非量测型数码相机,即普通数码相机。非量测型数码相机是相对于专业摄影测量设备量测型相机而言的,主要包括单反相机、微单相机以及在单个普通数码相机基础上组合而成的组合宽角相机等,其空间分辨率高、价格低、操作简单,在数字摄影测量领域得到广泛应用,如图 1-10 所示。

2)多镜头倾斜摄影相机

倾斜摄影技术是测绘领域近些年发展起来的一项高新技术,它颠覆了以往正射影像只能从垂直角度拍摄的局限,通过在同一飞行平台上搭载一台或多台传感器(镜头),同时从不同的角度采集影像,将用户引入了符合人眼视觉的真实直观世界。常见的多镜头倾斜摄影相机有五镜头、双镜头相机等,如图 1-11 所示。

（a）中画幅单反相机　　　　　（b）单反相机　　　　　（c）微单相机

图 1-10　非量测型数码相机

图 1-11　倾斜摄影相机

3）激光雷达

激光雷达(light detection and ranging,LiDAR)是一种以激光为测量介质,基于计时测距机制的立体成像手段,属主动成像范畴,是一种新型快速测量系统,可以直接联测地面物体的三维坐标,系统作业不依赖自然光,不受航高阴影遮挡等限制,在地形测绘、气象测量、武器制导、飞行器着陆避障、林下伪装识别、森林资源测绘、浅滩测绘等领域有着广泛应用。LiDAR是可搭载在多种航空飞行平台上获取地表激光反射数据的机载激光扫描集成系统,在飞行过程中可同时记录激光的距离与强度、GNSS 定位和惯性定向信息。用户在测量型双频 GNSS基站和后处理计算机工作站的辅助下,可以将 LiDAR 用于实际的生产项目中。后处理软件可以对经度、纬度、高程、强度数据进行快速处理。其工作原理为:通过测量飞行器的位置数据(经度、纬度和高程)和姿态数据(侧滚、俯仰和偏流),以及激光扫描仪到地面的距离和扫描角度,便可精确解算激光脉冲点的地面三维坐标。图 1-12 为无人机载激光雷达。

图 1-12　无人机载激光雷达

4）视频摄像机

无人机搭载的视频摄像机一般为电荷耦合器件(charge coupled device,CCD)和互补金属氧化物半导体(complementary metal oxide semiconductor,CMOS)摄像机。CCD 是一种半导体成像器件,具有灵敏度高、抗强光、畸变小、体积小、寿命长、抗震动等优点。CMOS 是电压控制的一种放大器件,是组成 CMOS 数字集成电路的基本单元。图 1-13 为无人机视频摄像机。

图 1-13　无人机视频摄像机

(四)摄影测量软件系统

摄影测量软件系统由数字影像处理模块、模式识别模块、解析摄影测量模块及辅助功能模块组成。数字影像处理是将航空或航天的摄影类图像数字化为数字图像,并以二维像素灰度矩阵表示。解析摄影测量包括图像的内定向、相对定向、绝对定向、数字图像处理、数字地面模型建立、数字微分纠正、坐标转换等。内定向是确定扫描坐标系和像平面坐标系的关系;相对定向是用图像匹配算法自动确定立体数字图像中的相对定向点的像坐标,用解析摄影测量相对定向解算相对方向参数;绝对定向是用已知控制点的像坐标和内定向参数计算控制点在一幅数字图像中的坐标,用图像匹配算法自动确定它们在另一幅数字图像中的坐标;数字图像处理是指将数字图像像素按扫描坐标系排列变换为按核线方向排列,且对图像进行增强和特征提取;建立数字地面模型包括沿核线的一维图像匹配、计算点的模型坐标、建立带图像灰度值的数字地面模型。

目前行业中主要使用的摄影测量软件及特点如下。

1. 航天远景系列软件

航天远景系列软件是由武汉航天远景科技股份有限公司研发的全套摄影测量数据处理软件,主要包括以下模块:

OKMatrix——一键快拼系统,是一款针对无人机数码影像以及传统航空影像快速生成带坐标的全景正射影像和数字表面模型,并能对影像质量进行检查的系统软件。

PhotoMatrix——航空影像和卫星影像空三加密、DSM 自动生成、DOM 高精度批量自动化集群处理平台。

MapMatrix——多源地理数据综合处理系统,可以进行航空影像和卫星影像的定向、DLG采集编辑入库一体化作业、DEM 的生成和编辑、DOM 的匀色和纠正。

EPT——专业的 DOM 生产、编辑、出图软件,可对海量航空影像和卫星影像进行匀色、正射纠正、拼接镶嵌、变形修补、裁切输出。

Virtuoso3D——倾斜摄影集群计算系统,以全流程并行作业自动化完成倾斜影像高精度空三和精细建模工作,有效实现大规模实景三维模型高效生产。

MapMatrix3D——基于倾斜三维模型的 DLG、DSM、数字真正射影像图(true digital orthophoto map,TDOM)采集生产平台,并可以对三维模型进行绝对定向、模型修补、悬浮物裁切、模型裁切拼接。

PowerMatrix——无人机电力巡线系统，以无人机获取的数码照片为基础，以摄影测量为手段，通过自动化识别定位，辅助人工判别，检查线路中存在的危险因素，并解决线路中垂弧高度量测的难题，填补线路定量巡检的空白。

ArcMatrix——由航天远景自主研发的 ArcInfo 联机测图系统，打破了传统立体测图采、编、入库的流程，在库数据和立体影像数据之间建立直通车，非常适合入库数据的快速修测以及立体测图数据的直接入库。

2．VirtuoZo 摄影测量系统

VirtuoZo 摄影测量系统是基于我国航空摄影测量和遥感学科的主要奠基人和开拓者——王之卓院士于 1978 年提出的"全数字化自动测图系统"方案，由武汉大学张祖勋院士主持开发的成果，是摄影测量界比较知名的品牌之一。

VirtuoZo 摄影测量系统系列产品及模块如下：

VirtuoZo Classic——全数字化摄影测量软件标准版。

VirtuoZo Lite——全数字化摄影测量软件普及版。

VirtuoZo Education——全数字化摄影测量软件教育版。

VirtuoZo OrthoKit——制作正射影像软件。

VirtuoZo MapEngine——数字化测图软件。

VirtuoZo MSMapper——MicroStation 测图接口软件。

VirtuoZo EPMapper——电力选线与量测三维可视化平台。

VirtuoZo OrthoMapper——正射影像数字测图软件。

VirtuoZo CADMapper——AutoCAD 测图接口软件。

VirtuoZo AAT——自动空中三角测量系统。

3．ImageStation SSK

ImageStation SSK 是摄影测量及制图软件的提供商 Intergraph 提供的摄影测量解决方案。ImageStation 系列软件已推出 20 年以上，具有深厚的理论基础。

ImageStation 系列软件包括以下模块：

ISPM——项目管理模块。

ISDM——数字量测模块。

ISSD——立体显示模块。

ISFC——数据采集模块。

ISDC——采集模块。

ISBR——正射纠正模块。

ISAT——自动空三模块。

ISAE——自动数字地形模型（digital terrain model，DTM）采集模块。

ISOP——自动正射模块。

4．Inpho 摄影测量系统

Inpho 摄影测量系统是 Inpho 公司研发的航空摄影测量软件系统，该公司于 1980 年由德国斯图加特大学阿克曼（Fritz Ackermann）教授创立。该软件系统包含许多模块，不同的模块承担着摄影测量的不同任务，涵盖了空三、平差、DTM 提取、DTM 编辑、LiDAR 建模、正射纠正、镶嵌匀色等一整套作业流程。

Applications Master——系统启动核心,空三加密、DTM 自动提取、正射纠正等均在此系统下启动。

MATCH-AT——专业的空三加密模块,处理自动、高效、便捷,自动匹配有效连接点的功能非常强大,在水域、沙漠、森林等纹理比较差的区域也可以很好地进行匹配。

MATCH-T DSM——全自动提取 DTM/DSM 模块,可以基于立体像对自动、高效地匹配密集点云,获得高精度的 DTM 或 DSM。

OrthoMaster——全自动、高效的正射纠正模块,可以对单景或多景甚至数万景航片、卫片进行正射纠正,并可以进行真正射纠正处理。

OrthoVista——卓越的镶嵌匀色模块,对任意来源的正射纠正影像进行自动镶嵌、匀光匀色、分幅输出等专业影像处理,处理极其便捷、自动,处理效果十分卓越。

UASMaster——专门针对无人机影像处理的模块,针对无人机影像数据进行算法改进,能一次处理 2 000 幅无人机影像,匹配效果非常好。

除了上述无人机摄影测量系统软件,比较知名的还有 ContextCapture、Pix4D、Agisoft Metashape、DPGrid 等软件。目前随着倾斜摄影、贴近摄影等摄影测量技术的发展,市面上出现了许多其他形式的摄影测量软件。

四、思考题

1. 无人机摄影测量系统主要由哪些部分构成?
2. 目前主流无人机飞行平台有哪些? 查询相关的代表产品。
3. 简述多旋翼无人机的特点及适用场合。
4. 无人机摄影测量处理软件常用的有哪些?

任务三　无人机摄影测量技术流程

一、任务描述

本任务主要学习采用无人机摄影测量系统进行 1∶500、1∶1 000、1∶2 000 数字正射影像图(DOM)、数字高程模型(DEM)和数字矢量地图(DLG)等成果生产的总体技术流程。

二、教学目标

(1)掌握无人机摄影测量的外业技术流程。

(2)掌握无人机摄影测量的内业技术流程。

(3)掌握无人机摄影测量技术设计。

(4)了解相关的测绘地理信息专业理论和现行标准规范,培养分析、判断和解决测绘地理信息项目实施过程中专业技术问题的能力。

三、知识准备

无人机摄影测量流程如图 1-14 所示。

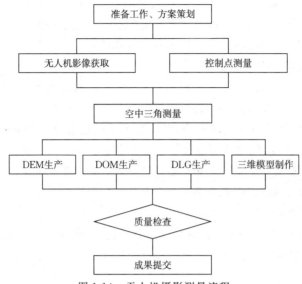

图 1-14　无人机摄影测量流程

(一)作业准备

1. 资料收集

主要收集以下资料：

(1)测区范围、航摄要求。

(2)地形地貌、气候条件。

(3)基础控制点资料。

(4)航飞报批程序。

(5)图纸资料(地形图、卫星影像和规划设计图等)。

2. 测区踏勘

测区踏勘是指踏勘调查摄区内高大建筑物、高压线、无线电干扰源等有可能影响飞行安全的地面信息。对不熟悉情况的测区,宜进行测区踏勘,以便了解测区内与生产、生活有关的情况。

3. 技术设计

技术设计书编写格式及内容要求参照《测绘技术设计规定》(CH/T 1004—2005)执行。

4. 仪器检查

作业使用的各种仪器、器材在生产作业之前应进行检查校正,并在检校合格有效期内使用。

(二)控制测量

1. 基本要求

对像片控制测量作业使用的各种仪器、器材应进行检查校正,检校合格证书应处于有效期内;外业像控测量之前应进行现场踏勘,以及选择作业道路、特征地物、布标位置等,合理分配人员和仪器;像片控制点(简称"像控点")宜按照区域网或航线进行布设,像控点分布应能控制整个测区并能满足成果精度要求,相邻像对和相邻航线之间的像控点宜公用。

2．像控点布设

1）选点要求

像控点的目标影像应清晰，易于判读刺点和进行立体量测，同时应是高程起伏较小、常年相对固定且易于准确定位和量测的地点。弧形地物、阴影、高大建筑物或高大树木附近，以及与周边不易区分的地点等不应选作点位目标。像控点应选在像片旁向重叠中线附近，尽量远离像片边缘。

对于像控点选择困难地区，可以在航飞前布设"L"标或"X"标，如图1-15所示。

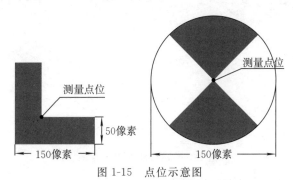

图1-15　点位示意图

2）区域网布点

（1）基本要求。

区域网布点应满足以下要求：区域网的划分应依据成图比例尺、地面分辨率、测区地形特点、航摄分区的划分、测区形状等情况进行全面考虑，根据具体情况选择最优实施方案。区域网的图形宜呈矩形。区域网的大小和像控点之间的跨度以能够满足空中三角测量精度要求为原则，主要依据成图精度、航摄资料的有关参数及对系统误差的处理等多因素确定。

（2）区域网布点方案。

在无 GNSS 或无惯性测量单元(inertial measurement unit，IMU)和 GNSS 辅助航摄的情况下，对于两条和两条以上的平行航线采用区域网布点时，要求如下：

——航向相邻控制点的基线跨度一般应不超过表1-2的规定，仅用于测制 DOM 时，基线跨度可放宽至2倍。

表 1-2　航向相邻控制点基线跨度

比例尺	基线跨度
1∶500	3
1∶1 000	4
1∶2 000	6

——旁向相邻控制点的基线跨度一般应不超过表1-3的规定，仅用于测制 DOM 时，基线跨度可放宽至2倍。

表 1-3　旁向相邻控制点基线跨度

比例尺	基线跨度
1∶500	3
1∶1 000	3
1∶2 000	3

——特殊困难地区(大面积沙漠、戈壁、沼泽、森林)布点要求中的基线跨度和航线跨度相应放宽1~2倍,且应在技术设计中进行明确规定。

3)航带法布点

公路工程倾斜摄影测量适宜采用航带法布点,沿航线方向,间隔6~10条基线,对称布设1组平高点。在航线起点、终点和转弯处布设1组平高点。每组应布设3个平高点,宜位于道路中心附近和道路两侧测量范围内边缘,如图1-16所示。

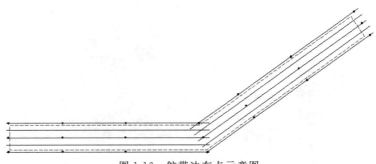

图1-16　航带法布点示意图

4)GNSS、IMU/GNSS辅助航摄航带法布点

像控点采用角点布置法,只在航带转弯处布设平高点。每段航带应至少布设3个平高检查点,推荐使用此方法布点,可以提高测量精度,减少像控点布设数量。

采用GNSS、IMU/GNSS辅助航摄时,应满足摄影测量相关规范要求:像控点连线应完全覆盖成图区域,且全部布设平高点;控制点采用角点和拐点布设法,即在区域网凸角转折处和凹角转折处布设平高点,区域网中应至少布设1个平高点,实际布设时航向控制点基线跨度应不超过表1-4的规定,旁向控制点基线跨度应不超过表1-5的规定。

表 1-4　航向相邻控制点基线跨度

比例尺	基线跨度
1∶500	12
1∶1 000	15
1∶2 000	20

表 1-5　旁向相邻控制点基线跨度

比例尺	基线跨度
1∶500	6
1∶1 000	6
1∶2 000	6

3.像控点测量

1)精度要求

平面控制点和平高控制点相对邻近基础控制点的平面位置中误差应不超过地物点平面位置中误差的1/5。高程控制点和平高控制点相对邻近基础控制点的高程中误差应不超过基本等高距的1/10。

2)像控点的编号

基础控制点使用原有编号,像控点沿线路依次编号,具体编号由技术设计书作出具体规定。

3）刺点与整饰

可采用相纸输出的像片进行控制点判刺与整饰，推荐使用数字影像上刺点、标记，并做点之记；对像控点测量成果进行检查与整理；制作像片控制测量成果表和点之记文件。

4. 成果要求

上交的成果经检查验收后，交下一工序使用。上交成果应准确、清楚、齐全，主要提交内容按照《影像控制测量成果质量检验技术规程》(CH/T 1024—2011)相关要求执行。

（三）数据采集

1. 航飞条件

1）风速条件

无人机飞行对近地区域气流反应灵敏，起飞和降落的地面风力为1～2级为宜；无人机应具备4级风力气象条件下安全飞行的能力；需在飞行平台最大可承受风速内进行安全飞行，具体要求参照各飞行平台参数。

2）能见度条件

飞行宜在天气晴朗、较为通透、能见度在2 000 m以上条件下进行；当能见度较差时，宜降低航高或增加感光度以保证影像质量。

3）温度条件

兼顾传感器、飞行平台正常工作温度，宜在0～40℃范围内飞行。

4）光照条件

应根据地面倾角（α）大小，确定地形类别。平坦地为$\alpha < 3°$，丘陵地为$3° \leqslant \alpha < 10°$；山地为$10° \leqslant \alpha < 25°$；高山地为$\alpha \geqslant 25°$。

（1）航摄时，应保证具有充足的光照度，能够真实显现地表细部，同时应避免过大阴影，航摄时间一般宜根据表1-6规定的摄区太阳高度角和阴影倍数确定。

表1-6　摄区太阳高度角和阴影倍数

地形类型	太阳高度角/(°)	阴影倍数
平坦地	≥20	<3
丘陵地和一般城镇	>25	<2.1
山地、高山地和大中城市	≥40	≤1.2

（2）沙漠、大面积盐滩、盐碱地、戈壁滩的当地正午航摄应注意采集设备曝光设置，正午前后各2小时内不宜摄影。

（3）高山地和高层建筑物密集的大城市宜在当地正午前后各1小时内摄影。

5）管制条件

航飞应符合国家及作业地区相关法律法规要求，同时在飞行活动过程中与相关管制单位建立可靠的通信联系，及时通报情况，接受空中交通管制。

2. 飞行平台

根据摄影的地形起伏情况和成图精度要求，合理选择飞行平台。

1）固定翼无人机

应具备5级风力条件下安全飞行的能力，巡航速度宜大于15 m/s，升限能达到1 000 m，具备回收或伞降功能。

2)多旋翼无人机

应具备 4 级风力条件下安全飞行的能力,巡航速度宜大于 6 m/s,升限能达到 1 000 m。

3)辅助设备

具备记录相机曝光时刻位置和姿态信息功能,宜选用带有定位功能的手持像片采集设备。自动驾驶仪应具备定点曝光或等距曝光控制功能。

4)地面控制系统

无人机地面控制系统应该具备对无人机飞行平台和任务载荷进行监控和操纵的能力。

(1)飞行监控功能:可通过无线数据传输链路下传当前各状态信息,供地面操纵人员参考,同时根据无人机的状态,可实时发送控制命令,使地面操纵人员控制无人机飞行。

(2)地图导航功能:根据无人机实时位置信息,可在电子地图上进行轨迹标注,观察无人机任务执行情况。

(3)任务回放功能:应具备历史记录功能,方便检查任务执行效果。

5)起降性能

无人机的起降性能应满足以下要求:①应具备不依赖机场起降的能力;②起降困难地区使用的无人机应具备弹射起飞能力、撞网伞降功能或垂直起降能力。

3.相机

1)基本要求

相机的基本要求如下:①相机镜头应为定焦镜头,且对焦无限远;②镜头与相机机身、机身与成像探测器之间应稳固连接;③相机最高快门速度应不慢于 1/800 s;④相机应具备曝光时刻信号反馈功能;⑤相机视场角在飞行方向应不小于 27°;⑥灰度记录的动态范围,每通道应不低于 8 bit;⑦原始影像宜以无压缩格式存储,采用压缩格式存储时,压缩倍率应不大于 10 倍。

2)相机检校

相机应进行几何检校,并满足以下要求:①检校中误差,主点坐标应不大于 10 μm,主距应不大于 5 μm;②残余畸变差应不大于 0.3 像素;③每次检校均应提供检校参数及检校数学模型;④当出现相机大修、关键部件更换、遭受剧烈震动冲击等情况时,应重新检校。

3)相机安装

相机在无人驾驶飞行器上安装应满足以下要求:①相机与飞行器连接应稳固可靠;②相机与飞行器之间应具备减震装置;③应提供相机安装方位示意图。

4)定位模块

定位模块要满足实时动态(real-time kinematic,RTK)、动态后处理(post-processing kinematic,PPK)和精密单点定位(precise point positioning,PPP)等模式要求。

4.航摄设计

1)设计用基础地理数据的选择

设计用基础地理数据应选择摄区最新时相的地形图、影像图或数字高程模型,地形图、影像图比例尺不低于 1∶1 万,数字高程模型比例尺不低于 1∶5 万。

2)基准面地面分辨率的选择

各航摄分区基准面的地面分辨率应根据不同比例尺航摄成图的要求,结合分区的地形条件、测图等高距、航摄基高比及影像用途等,在确保成图精度的前提下,本着有利于缩短成图周期、降低成本、提高测绘综合效益的原则进行选择,如表1-7所示。

表 1-7　航摄基准面地面分辨率设计范围

成图比例尺	地面分辨率/cm
1∶500	≤5
1∶1 000	≤10,宜采用8
1∶2 000	≤20,宜采用16

3)航摄分区的划分和基准面确定

航摄分区的划分和基准面确定,应遵循以下原则:①分区划分应兼顾成图比例尺、飞行效率、飞行方向、飞行安全等因素;②航摄基准面计算一般应取分区内高程占比加权平均值;③平地、丘陵地和山地分区内的地形高差应不大于1/4相对航高,高山地分区内的地形高差应不大于1/3相对航高;④当分区面积较小、零散破碎等情况导致飞行任务实施困难时,可按最低点地面分辨率不低于基准面分辨率1.5倍的原则重新分区,或者将区内分辨率超限面积占比不超过10%的多个小分区向相邻较大分区合并;⑤在地形高差符合规定条件下,分区的跨度应尽量划大,且完整覆盖摄区。

4)重叠度设计

重叠度应在航摄分区基准面上设计,设计指标规定如下:①航向重叠度一般应为60%～80%,旁向重叠度一般应为15%～60%;②对陡峭山区、高大建筑物密集的城镇地区、海岛、道路、管线、河流等摄区进行航摄时,重叠度设计宜适当加大。

5)相机快门速度设计

无人驾驶飞行器的飞行速度选择应与相机快门速度设置相匹配,以确保航摄基准面像点位移不超0.5像素。

6)航线敷设

航线敷设应遵循以下原则:①航线一般按测区形状的长边平行敷设,也可按照东西或者南北向敷设,或沿线路、河流、海岛、海岸、境界等走向飞行;②曝光点宜基于数字高程模型,采用定点曝光或等距曝光控制方法进行设计;③布设构架航线时,应尽量与摄区内正常航线垂直,并且航高保持一致。

7)航摄季节和时间的选择

航摄季节和时间的选择应遵循以下原则:①应尽量避免在积雪、洪水、扬沙、烟雾等情况下航摄;②对沙漠、戈壁、河流湖泊、海洋、大面积的盐滩、盐碱地、滩涂等区域进行航摄时,应采取正午前后1～2小时摄影,以减少地面强烈反光而造成的影像地物细节损失;③在陡峭山区和高大建筑物密集的城镇地区,宜在正午前后各2小时内摄影,减少阴影对地物细节的影响。

8)铺设航摄地面标志

对于缺乏特征地物(如森林、戈壁、沙漠、滩涂等)或者需要进行高精度航空摄影测量的区域,应在航摄实施前制作人工点位和铺设标志,并测量坐标,要求如下:①人工地面标志的形状、规格等应确保其在影像上可准确辨认与量测;②人工地面标志的色彩应确保与周围地面反差良好,在影像上清晰可见。

5. 航摄实施

航摄实施过程中,应遵循以下原则:①使用机场起降时,应按照机场相关规定飞行,不使用机场起降时,应根据无人飞行器的性能要求,选择起降场地和备用场地;②航摄实施前应制订详细的飞行计划,且应针对可能出现的紧急情况制订应急预案;③在保证飞行安全的前提下,且光照和能见度条件允许时,可实施云下摄影;④采用 GNSS 或 IMU/GNSS 辅助航空摄影时,按照《IMU/GPS 辅助航空摄影技术规范》(GB/T 27919—2011)执行;⑤起飞前应校准气压高度计、GNSS 大地高、地形图海拔高程三者之间差异,确保飞行实时高度控制与设计航高不出现较大系统性偏差;⑥应填写航摄飞行记录表。

6. 飞行质量与影像质量

1)飞行质量

(1)像片航向重叠度一般为 60%~80%,最小应不小于 53%;旁向重叠度一般为 15%~60%,最小应不小于 8%。

(2)像片倾角一般不超过 12°,最大不超过 15°;像片旋角一般不超过 15°,最大不超过 25°;像片倾角和像片旋角不应同时达到最大值。

(3)航向覆盖超出分区边界线应不少于 2 条基线;旁向覆盖超出整个摄区和分区边界线一般应不少于像幅的 50%。

(4)同一航线相邻 2 张像片飞行高度差应不大于 30 m,同一航线上最高和最低航高之差应不大于 50 m。

(5)航摄实施过程中出现的相对漏洞和绝对漏洞均应及时补摄。补摄应采用同型号相机,补摄航线的两端应超出漏洞之外 2 条基线。

(6)影像数据应与定位测姿数据记录一一对应,并确保完整性。

2)影像质量

(1)影像应清晰、层次丰富、反差适中、色调柔和。

(2)影像上不应有云、雪,以及大面积烟雾、反光、污点等对立体模型连接和测绘产生影响的缺陷。

(3)像点位移一般应不大于 0.5 像素,最大应不大于 1 像素。

(4)不应出现因机身震动、镜头污染、相机快门故障等引起影像模糊的现象。

7. 航摄成果

1)成果质量

航摄完成后,应根据要求进行成果质量检查,检查合格后交付使用。

2)成果整理

航片编号由 12 位阿拉伯数字构成,采用以航线为单位的流水编号。航片编号自左至右 1~4 位为摄区代号,5~6 位为分区号,7~9 位为航线号,10~12 位为航片流水号。一般以飞行方向为编号的增长方向。同一航线内的航片编号不允许重复。当有补飞航线时,补飞航线的航片流水号在本航线原流水号基础上加 500。

航片按照摄区、分区、航线建立目录分别进行存储,应采用硬盘或光盘等存储。

3)成果资料

航摄成果资料包括以下内容:①影像数据;②影像位置和姿态数据;③航摄分区示意图、航线示意图;④航摄飞行记录表;⑤摄区完成情况图;⑥相机检校报告;⑦航摄批文;⑧航摄资料审查报告;⑨航摄技术设计书;⑩航摄技术总结报告;⑪航摄成果检查报告与验收报告;⑫航摄成果清单;⑬其他相关资料。

（四）数据处理

1. 预处理

1）区域分块

应根据航摄分区、软硬件处理能力，合理设置分块大小。分块接边处宜选择地形起伏较小区域。区域接边处需有控制点分布，且控制点可适当加密。

2）格式转换

根据后处理需求，可对原始数据进行数据格式转换，但不应损失几何信息和辐射信息。

3）影像增强

在不影响成果质量和后续处理的前提下，对阴天、雾霾等原因造成的质量较差影像，可适当进行增强处理。

2. 空中三角测量

1）技术设计

项目设计和专业设计中涉及空中三角测量时，应满足本标准的各项技术要求，特殊情况不能达到时应明确说明原因，并通过项目组织管理部门的审核批准。项目设计书、专业设计书的编写要求及主要内容按 CH/T 1004—2005 执行。在满足规定精度的前提下，可采用新技术和新方法，应经过实践验证并提供实验报告，同时在技术设计书中明确说明相关要求和规定。

2）相对定向

连接点中误差优于 1 像素，最大残差优于 3 像素。每像对连接点分布均匀。每像对连接点数目应大于 30。

3）绝对定向

区域网平差计算结束后，基本定向点残差、检查点误差、公共点较差最大限值，按照《数字航空摄影测量　空中三角测量规范》（GB/T 23236—2009）执行。平差计算时对连接点、像控点进行粗差检测、删除或修正。

3. 数字高程模型生产

数字高程模型（DEM）是国家基础空间数据的重要组成部分，它表示地表区域上地形三维向量的有限序列，即地表单元上高程的集合，数学表达为 $z = f(x, y)$。表示区域 D 上地形的三维向量有限序列为

$$\{V_i = (X_i, Y_i, Z_i) \mid i = 1, 2, \cdots, n\}$$

式中：$(X_i, Y_i) \in D$ 是平面坐标，Z_i 是 (X_i, Y_i) 对应的高程。DEM 是数字地面模型（DTM）的一个子集，是对地球表面地形地貌的一种离散的数字表达，是 DTM 的地形分量。

摄影测量数字高程模型是基于解析空中三角测量获取的大量加密点来内插出区域 DEM 的方法获得的。利用专业软件对影像进行密集点匹配得到 DSM，然后通过对 DSM 编辑得到 DEM。DEM 编辑是通过人工干预编辑 DSM 中的非地面点。对照立体像对及等值线，检查 DEM 数据是否与地面在同一高度，若不在，可通过平滑、匹配点内插、量测点内插、三角内插、导入外部矢量数据内插等方法对其进行修正，直到所有高程点在正确的高程位置。

4. 数字正射影像图生产

数字正射影像图（DOM）是对航空航天像片进行数字微分纠正和镶嵌，按一定图幅范围裁剪生成的数字正射影像图集。它是同时具有地图几何精度和影像特征的图像。

数字正射影像图是利用数字高程模型对数字化航空影像或高空采集的卫星影像数据，逐

像素进行数字纠正、镶嵌，按国家基本比例尺地形图图幅范围裁切生成的数字正射影像图数据集。

5.数字矢量地图生产

数字矢量地图(DLG)是现有地形图上基础地理要素分层存储的矢量数据集。

利用空中摄影获取的立体像对，重建地面按比例尺缩小的立体模型，在模型上进行量测，直接测绘出符合符号规定比例尺的地形图，获取地理基础信息，这是摄影测量的主要工作。

6.实景三维模型制作

实景三维模型是对真实世界的三维表达，采用三维模型的方式在计算机上进行数字化呈现，是客观真实反映现实场景的三维模型。实景三维模型主要通过无人机倾斜摄影测量的方式生产制作。无人机倾斜摄影是通过在同一飞行平台上搭载一台或多台传感器，同时从垂直、侧视和前后视等不同角度采集像片，获取地面物体更为完整准确的信息。以倾斜摄影技术来获取像片数据，利用摄影测量的技术手段将倾斜摄影获取的二维影像(像片)处理成实景三维模型。

7.成果要求

1)数据成果格式

摄影测量数据成果类型与成果格式宜参照表 1-8 执行。

表 1-8　摄影测量数据成果类型与成果格式

序号	成果类型	成果格式
1	数字高程模型(DEM)	TIFF 等
2	数字正射影像图(DOM)	TIFF 等
3	数字矢量地图(DLG)	TIFF 等
4	实景三维模型	OSGB、3D TILES、S3M 等

2)成果质量检查

(1)检查内容。

摄影测量数据成果质量检查项主要包括空间参考系、位置精度、完整性、数据质量及附件质量，具体要求宜参照表 1-9 执行。

表 1-9　摄影测量数据成果质量检查项

质量要求	检查项	检查内容
精度检查	空间参考系	平面坐标系、高程坐标系、投影参考
	位置精度	平面精度、高程精度
完整性		成果数据类别、要素数量和作业范围
数据质量	几何检查	(1)道路、水系等地物要素连续均匀； (2)建筑物等构筑物外形轮廓清晰可见； (3)树木外形趋于合理，允许独立无支撑植被模型； (4)无不合理空洞、起伏、扭曲、碎片和漂浮物
	纹理检查	纹理分辨率和纹理真实性
附件质量	原始数据	原始数据结构、内容的完整性和正确性
	文档成果	其他属于项目成果的文件资料的正确性和完整性： (1)成果文件资料内容合理、可靠； (2)质检报告的内容完整，表述清楚，总结报告分析结论合理

（2）检查方法。

参考系的质量子元素包括大地基准、高程基准和地图投影。主要检查模型数据采用的大地基准、高程基准和地图投影是否符合设计情况，主要采用外业打点检核和内业人机交互方法检查。模型数据精度检查主要质量元素宜参照表 1-10 执行。

表 1-10　摄影测量模型数据精度检查主要质量元素

质量元素	质量子元素	检查内容	检验手段
空间参考系	大地基准	采用的大地基准是否符合设计要求	人机交互检查
	高程基准	采用的高程基准是否符合设计要求	
	地图投影	采用的地图投影是否符合设计要求	
位置精度	平面精度	平面位置精度是否符合设计要求	人机交互检查
	高程精度	高程位置精度是否符合设计要求	
	场景中模型相对位置	场景中模型相对位置的正确程度	

（3）完整性检查。

数据成果的完整性检查质量子元素主要包括成果数据冗余检查和缺失检查。模型数据完整性检查主要质量元素宜参照表 1-11 执行。

表 1-11　摄影测量模型数据完整性检查主要质量元素

质量元素	质量子元素	检查内容	检验手段
完整性	成果数据冗余	成果数据的重复、冗余程度	人机交互检查
	成果数据缺失	成果数据的缺失程度	

四、思考题

1. 完成某一无人机摄影测量项目技术设计书的制订。
2. 对市面常见的摄影测量数据处理软件进行比较。

项目二　无人机航空摄影

无人机摄影测量项目实施首先要进行无人机航空摄影,又称为无人机测绘航空摄影。本项目主要学习无人机测绘航空摄影的主要流程,包括无人机飞行前的准备、无人机航空摄影、无人机航摄成果质量检查等。

任务一　无人机飞行前准备

一、任务描述

本任务主要学习固定翼无人机和多旋翼无人机飞行前的准备与操控。通过本任务的学习,理解无人机航空摄影安全作业的基本要求、作业流程与注意事项。

二、教学目标

(1)了解无人机飞行安全的定义及重要性。
(2)掌握无人机测绘航空摄影流程。
(3)熟知固定翼无人机飞行前的准备工作。
(4)熟知多旋翼无人机飞行前的准备工作。

三、知识准备

(一)飞行安全的定义

飞行安全是指航空器在运行过程中,不出现运行失当或外来原因造成的航空器上人员或者航空器损坏的事件。事实上,航空器的设计、制造与维护难免有缺陷,其运行环境(包括起降场地、运行空域、自动驾驶系统、气象情况等)又复杂多变,机组人员操作也难免出现失误等,这些情况往往难以保证绝对的安全。

(二)安全作业的重要性

无人机属于航空器,使用具有高风险性。无人机的不规范使用会危及国家和公共安全。发生飞行事故有可能造成人身伤害以及较大的经济损失,所以需要高度重视无人机的安全作业,尽量避免无人机应用的风险。

无人机作业时必须执行国家相关管理规定,进行航空管制协调与申报,对人员操纵技能进行培训。

(三)技术准备

在进行无人机航空摄影之前,需要进行技术准备。技术准备工作主要包括资料收集、技术设计两个方面。

1. 资料收集

资料收集内容主要有图件与影像资料(地形图、规划图、卫星影像、航摄影像等)、地形地貌、气候条件、机场、重要设施等。

资料收集目的是:确定设备能否适用摄区环境;判断是否具备空域条件;用于航摄技术设

计;制作详细的项目实施方案。

收集资料时,工作人员需要对摄区或摄区周围进行实地踏勘,收集地形地貌、地表植被,以及周边的机场、重要设施、城镇布局、道路交通、人口密度等信息,为起降场地选取、航线规划、应急预案制订等提供资料。实地踏勘时,应携带手持或车载 GNSS 设备,记录起降场地和重要目标的坐标位置,结合已有的地图或影像资料,计算起降场地的高程,确定相对于起降场地的航摄飞行高度。

2. 技术设计

技术设计要求为:飞行高度应高于摄区和航路上最高点 100 m;总航程应小于无人机能到达的最远航程;应根据地面分辨率、航摄范围的要求,设计航摄时间、航线布设、影像重叠度、分区等。

(四)场地选取

1. 常规航摄作业

根据无人机的起降方式,寻找并选取适合的起降场地。常规航摄作业中,起降场地应满足以下要求:

(1)距离军用、常用机场 10 km 以外。

(2)起降场地相对平坦,通视良好。

(3)远离人口密集区,半径 200 m 范围内不能有高压线、高大建筑物、重要设施等。

(4)地面应无明显凸起的岩石块、土坎、树桩、水塘、大沟渠等。

(5)附近应没有正在使用的雷达站、微波中继、无线通信等干扰源,在不能确定的情况下,应测试信号的频率和强度,如对系统设备有干扰,须改变起降场地。

(6)采用滑跑起飞、滑行降落的无人机,滑跑路面条件应满足其性能指标要求。

2. 应急航摄作业

灾害调查与监测等应急性质的航摄作业,在保证飞行安全的前提下,起降场地要求可适当放宽。

(五)飞行流程

一般飞行流程如图 2-1 所示。

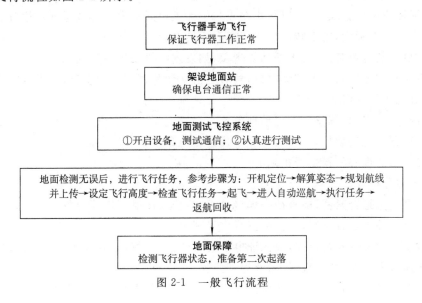

图 2-1　一般飞行流程

四、任务实施

任务实施分为固定翼无人机飞行前准备和多旋翼无人机飞行前准备。

(一)固定翼无人机飞行前准备

1. 气象资料收集

飞行前,注意气象观察。影响无人机飞行的气象环境主要包括风速、雨雪、大雾、空气密度、大气温度等。

(1)风速:建议飞行风速在4级(5.5~7.9 m/s)以下,遇到楼房建筑或者峡谷等地段,应注意突然起风的情况。通常,起飞重量越大,抗风性越好。

(2)雨雪:市面上多数无人机设备无防水功能,雨雪形成的水滴会影响无人机电子电路部分,导致短路或漏电;无人机的机械结构部分零件为铁或钢等金属材料,进水后会被腐蚀或生锈,影响机械运动正常进行。

(3)大雾:主要影响操纵人员的视线和镜头画面,难以判断实际安全距离。

(4)空气密度:随着海拔高度的增加,大气层空气密度减小,在空气密度较低的环境中飞行,无人机转速增加,电流增大,导致续航时间减少。

(5)大气温度:飞行环境温度非常重要,高温不利于电机、电池、电调等散热,因为大多数无人机采用风冷自然散热,环境温度与无人机温度相差越小,无人机散热越慢。

2. 飞行前检查

每次飞行前,须仔细检查设备的状态是否正常。检查工作应按照检查内容逐项进行,对直接影响飞行安全的无人机的动力系统、电气系统、执行机构及航路点数据等应进行重点检查。每项内容需两名操作员同时进行检查或交叉检查。飞行前检查的主要内容如下。

1)无人机的检查

无人机的检查包括外观机械部分检查、电子部分检查,以及上电后的检查,具体操作如下。

(1)外观机械部分检查。

上电前应检查机械部分相关零部件的外观。检查螺旋桨是否完好、表面是否有污渍和裂纹等(如有损坏应更换新螺旋桨,以防止在飞行中无人机震动太大导致意外),检查螺旋桨旋向是否正确、安装是否紧固,用手转动螺旋桨查看旋转是否有干涉等。

检查电机安装是否紧固,有无松动等现象(如发现电机安装不紧固,应停止飞行,使用相应工具将电机安装固定好),用手转动电机,查看电机旋转是否有卡涩现象、电机线圈内部是否干净、电机轴有无明显的弯曲。

检查机架是否牢固、螺丝有无松动现象。

检查飞行器电池安装是否正确,电池电量是否充足。

检查飞行器的重心位置是否正确。

(2)电子部分检查。

检查各个接头是否紧密,检查插头焊接是否有松动、接触不良等现象。

检查各电线外皮是否完好,有无刮擦脱皮等现象。

检查电子设备是否安装牢固,应保证电子设备清洁、完整,并做好防护(如防水、防尘等)。

检查电池有无破损、鼓包胀气、漏液等现象。

检查地面站是否可通信,地面站屏幕触屏是否良好,各界面操作是否正常。

（3）上电后的检查。

上电后，地面站与无人机进行配对，在通信设置里面进行设置，不同自驾仪设置方法不完全一致。

电池接插方法：要注意是串联电路还是并联电路，以免出错，导致电池烧坏或飞控烧坏。

配对成功后，先不装桨叶，解锁后轻微推动油门，观察各个电机是否旋转正常。

检查电调指示音是否正确，LED 指示灯闪烁是否正常。

检查各电子设备有无异常情况（如异常震动、异常声音、异常发热等）。

确保电机运转正常后，可进行磁罗盘的校准，点击地面站上的"磁罗盘校准"开始校准。

打开地面站，检查手柄设置是否正确、超声波是否禁用、无人机的参数设置是否符合要求。

进行测试飞行以及航线试飞，观察无人机在走航线的过程中是否需要对规划好的航线进行修改。

试飞过程中，务必提前观察无人机运行灯的状态，以及地面站所显示的 GNSS 卫星数，及时做出预判。

飞行的遥控距离为无人机左右两侧 6～7 m，避免站在无人机机尾的正后方。

完成检查以后，根据当天天气情况，通电让 GNSS 适应当前气象条件，以便无人机在作业时适应天气完美飞行。

起飞前必须确定 GNSS 卫星数达到 6 颗或在 6 颗以上，周边情况正常后，方可进行起飞作业。

2）遥控器的检查

检查遥控器操控模式（美国手、中国手、日本手等）、信号连接情况、电量是否充足、各键位是否复位、天线位置是否合适等。

3）地面站的检查

检查地面通信、操作系统（地面站）工作是否正常。

4）环境的检查

检查周围环境是否适合作业，恶劣天气下切勿飞行，如大风（风速 5 级及以上）、下雪、下雨、有雾天气等。检查起降场地是否合理，选择开阔、周围无高大建筑物的场所作为飞行场地。大量使用钢筋的建筑物会影响指南针工作，而且会遮挡卫星导航信号，导致飞行器定位效果较差，甚至无法定位。

3. 航线规划

在无人机飞行任务规划系统中，飞行航线指的是无人机相对地面或水面的轨迹，是一条三维的空间曲线。航线规划是指在特定约束条件下，寻找运动体从初始点到目标点满足预定性能指标最优的飞行航线。

航线规划的目的是利用地形和地物信息，规划出满足任务需求的相对最优的飞行轨迹。航线规划中采用地形跟随、地形回避和威胁回避等策略。

航线规划需要各种技术，如现代飞行控制技术、数字测图技术、优化技术、导航技术及多传感器数据融合技术等。

航线规划步骤如下：

（1）明确本次任务概况，包括项目区范围、分辨率以及成图要求。

（2）寻找飞行场地，固定翼无人机起降对起飞场地要求比较严格，要求周围尽量开阔、信号干扰小,飞行场地尽量在项目区内或者附近。

(3)根据起飞场地位置、分辨率等要求进行航线设计,航线设计时应考虑项目区地形信息、无人机的性能参数等限制条件。

(4)对航线进行优化,满足无人机的最小转弯半径、飞行高度、飞行速度等约束条件。

(二)多旋翼无人机飞行前准备

本节以三和数码测绘地理信息技术有限公司 SH-20X 六旋翼无人机为例介绍多旋翼无人机的操纵。

1. 安装飞行器

无人机组装时须严格按照设备说明书要求进行,具体流程如下。

1)机身与支臂安装

安装支臂时,切记支臂上的编号 1~6 需要对应机身上的编号 1~6。支臂与机身上的铝件都设计了安装角度定位平面,安装时电机朝上。

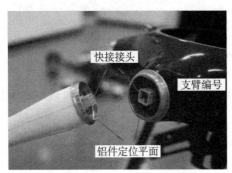

图 2-2　机身与支臂安装示意图

2)安装螺旋桨

(1)多旋翼无人机为保持平衡和飞行,螺旋桨须具备不同的旋转方向,所以需要通过支臂编号与桨固定螺丝上的标号,选择正确的正反桨安装在对应的支臂上。螺旋桨固定螺丝有正反之分,螺丝上的旋转方向标识为锁紧(LOCK),即电机不动,桨按标识方向旋转。最后,需要用桨拆装工具进行最终锁紧。

(2)由于螺旋桨高速转动时,螺丝会有自锁紧的效果,每次拆桨时会比较费力,故一定要借助桨拆装工具来拆除螺旋桨,切勿用蛮力。

3)安装电池

先将电池放进电池安装位上,用扎带压紧。放入电池安装位时,需稍微侧放,安装时不可用蛮力,避免碳板的棱角损坏电池表面。最后,将扎带穿过碳板小长槽,压紧电池。

注意:如果电池没有卡紧,有可能导致电源接触不良,可能会影响飞行的安全性,严重时会导致无人机空中断电跌落,甚至无法起飞。

2. 飞行前检查

操控无人机飞行前要对无人机各个部件做相应检查,防止意外发生,任何一个小问题都有可能导致无人机在飞行过程中发生事故。

1)检查项目

飞行前检查项目如下:

(1)遥控器、飞机电池及移动设备是否电量充足。

(2)摄像头是否清洁。

(3)机臂及螺旋桨是否正确安装。

(4)是否确保已插入 SD 卡。

(5)电源开启后相机和云台是否正常工作。

(6)开机后电机是否能正常启动。

（7）地面站应用程序（APP）是否正常运行。

2）飞行环境要求

飞行环境要求如下：

（1）恶劣天气下切勿飞行，如大风（风速 5 级及以上）、下雪、下雨、有雾天气等。

（2）选择开阔、周围无高大建筑物的场所作为飞行场地，这是因为大量使用钢筋的建筑物会影响指南针工作，而且会遮挡卫星导航信号，导致飞行器定位效果变差，甚至无法定位。

（3）飞行时，保持在视线内控制，远离障碍物、人群、水面等。

（4）勿在有高压线、通信基站或发射塔等的区域飞行，以免遥控器受到干扰。

（5）在海拔 6 km 以上地区飞行，环境因素会导致飞行器电池及动力系统性能下降，飞行性能将会受到影响，须谨慎飞行。

3）指南针校准

长时间未使用的无人机或长距离运输的无人机，经常需要重新校准指南针。下面以 AheadX Space 地面站软件为例说明指南针校准步骤。

选择开阔场地，安装 AheadX Space 地面站软件并打开，选择数传端口，选择特定的波特率和要连接的无人机类型，单击"ON"→"同步"，数据连接完成后，进行罗盘校准。

（1）打开调参软件，等待右下角所有参数下载进度条完成。

（2）单击左侧菜单栏的"罗盘校准"，输入当地磁偏角，单击"开始校准"。按照软件提示的校准流程，将无人机抬起，分别绕 X、Y、Z 轴 360°旋转无人机，如图 2-3 所示，等待通道 1 和通道 2 中进度条完成，单击"结束校准"，关闭调参软件。

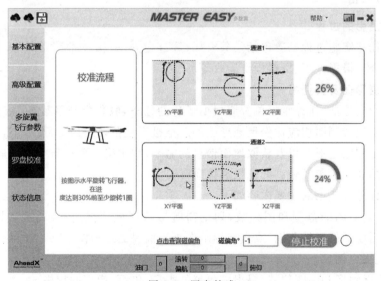

图 2-3　罗盘校准

（3）无人机重新断电，通电，打开地面站，无人机磁罗盘校准完成。

注意：勿在强磁场区域或大块金属附近校准指南针，如磁矿、停车场、带有地下钢筋的建筑区域等，校准指南针时不要随身带铁磁物质。

五、思考题

1. 简述无人机飞行作业流程。
2. 简述固定翼无人机飞行前准备工作。
3. 简述多旋翼无人机飞行前准备工作。

任务二　无人机测绘航空摄影

一、任务描述

无人机测绘航空摄影是基于影像获取地表信息的一门技术,了解无人机测绘航空摄影的基本流程,是摄影测量学习过程中需要重点掌握的。本任务从航空摄影过程、任务委托、航线规划、空域申请及航空摄影实施等方面学习无人机测绘航空摄影的基本知识。

二、教学目标

(1)了解无人机测绘航空摄影流程。
(2)掌握航线因子计算及航线规划。
(3)掌握无人机测绘航空摄影实施全过程。

三、知识准备

(一)航空摄影的过程

航空摄影任务实施过程一般包括任务委托、签订合同、航摄技术计划制订、航摄申请与审批、空中摄影实施、摄影处理、资料检查验收等环节。

(二)航空摄影任务委托书

在空中摄影实施前,任务承担单位应根据下达的任务,收集资料及设备,依据现行航空摄影技术设计规定及待测图相应比例尺地形图的航空摄影规范,拟订技术设计书,制订航摄任务计划。为了满足测绘地形图以及获取地面信息的需要,空中摄影要按航摄计划的要求进行,并确保获得完整的立体覆盖及较高的航摄影像质量。

航空摄影任务委托书的主要内容如下:

(1)根据计划测图的范围和图幅数,划定需航摄的区域范围,按经纬度或图幅号在计划图上标示出所需航摄的区域范围,或直接标示在小比例尺的地形图上。

(2)确定航摄比例尺。

(3)根据测区地形和测图仪器,提出航摄仪的类型、焦距、像幅的规格。

(4)确定对影像重叠度的要求。

(5)规定提交资料成果的内容、方式和期限。航摄资料成果包括航摄底片、航摄影像(按合同规定提供的份数)、影像索引图、航摄软件变形测定成果、航摄仪鉴定表、航摄影像质量鉴定表等。

(三)航线规划

1. 收集资料

收集航摄地区已有的地形图、控制测量成果、气象图等有关资料,包含地形地貌、地表植被以及周边的机场、重要设施、城镇布局、道路交通、人口密度等信息。

2. 选择地面分辨率

根据项目的实际要求,选择合适的地面分辨率。无人机航空摄影一般是制作大比例尺成果数据,地面分辨率的选择可参考表 2-1。

表 2-1　地面分辨率

航摄比例尺	地面分辨率/cm
1:500	≤5
1:1 000	8~10
1:2 000	15~20

根据地面分辨率,结合相机的焦距和像素尺寸,设计航飞时无人机的航高,即距离地面的飞行高度,确定航摄比例尺,四者之间的关系为

$$h = \frac{f \cdot GSD}{a} \tag{2-1}$$

式中:h 为相对航高,f 为镜头焦距,a 为像素尺寸,GSD 为地面分辨率,如图 2-4 所示。

上述设计是传统的正射航摄的设计,倾斜摄影由于搭载了垂直镜头和倾斜镜头,一般倾斜 45°。这样一来,按照传统的航摄计算的航高,并不能用来计算倾斜的距离。按照 45°算,倾斜的距离应该是垂直距离的 $\sqrt{2}$ 倍。

下面以索尼 5100 的相机为例说明倾斜摄影时焦距和航高以及分辨率之间的关系:其像幅为 6 000×4 000,传感器尺寸为 23.5 mm×15.6 mm,像素大小为 3.9 μm。假设某测区需要生产分辨率为 3 cm 的实景三维模型,要求垂直镜头和倾斜镜头航摄影像分辨率均优于 0.03 m,则需要按照以下数据来选择相机。

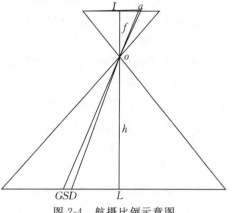

图 2-4　航摄比例示意图

以地面分辨率为 0.03 m、倾斜镜头焦距为 35 mm 计算,代入式(2-1)中可得到航高约为 270 m,换算为垂直距离约为 190 m。显然,把 190 m 代入式(2-1)中反求出来的垂直镜头焦距不是 35 mm,而是约 25 mm,说明倾斜摄影时,要想每个镜头的影像分辨率均一致,在选择同一款相机时,要选择不同焦距的镜头。上述例子中相机的选择,就是垂直镜头焦距选择 25 mm,倾斜镜头焦距选择 35 mm,航高为 190 m,就可以摄取地面分辨率均优于 0.03 m 的影像。

目前的航线规划软件都是按照垂直镜头来计算航高的,所以在选择相机的时候,要选择合适焦距的相机,这样生产的实景三维模型效果更好。

3. 划分航摄分区

实际生产中,一般项目无人机一个架次都是无法完成航空摄影的,所以就需要对航摄范围进行分区,根据《低空数字航空摄影规范》(CH/Z 3005—2010)要求,在对摄区进行分区时,要遵循以下原则:

(1)分区界线应与图廓线相一致。

(2)分区内的地形高差应不大于 1/6 航摄航高。

(3)在地形高差符合第(2)条规定,且能够确保航线的直线性的情况下,分区的跨度应尽量划大,能完整覆盖整个摄区。

(4)当地面高差突变、地形特征差别显著或有特殊要求时,可以破图廓划分航摄分区。

4. 航线规划

完成航摄分区划分后,根据以下原则,完成航线的设计。

(1)航线一般按照东西向平行于图廓线直线飞行,特定条件下也可以按照南北向飞行或沿线路、河流、海岸、境界等方向飞行;位于摄区边缘的首末航线应设计在摄区边界线上或边界线外。

(2)曝光点应尽量采用数字高程模型依地形起伏逐点设计。

(3)进行水域、海区摄影时,应尽可能避免像主点落水,要确保所有岛屿达到完整覆盖,并能构成立体像对。

(4)荒漠、高山等隐蔽地区和测图控制作业特别困难的地区,可以敷设构架航线,构架航线根据测图控制点设计的要求设置。

(5)根据项目要求,航线按图幅中心线或按相邻两排成图图幅的公共图廓线敷设时,应注意计算最高点对摄区边界图廓保证的影响和与相邻航线重叠度的保证情况,当出现不能保证的情况时,应调整航摄比例尺。

在实际作业过程中,只有少数飞控软件支持变高飞行,所以一般都是固定高度飞行。航线敷设时,要考虑地面分辨率,要以普遍较低的区域来计算相对航高。航线敷设时,利用地面站软件,一般外扩任务区 1～2 条航线。

对于倾斜摄影,一般倾斜镜头夹角是 45°,所以在设计外扩距离时,一般按照航高设计,比如航高为 200 m,则在设计外扩距离时,一般大于 200 m 即可。

5. 计算航摄因子

计算航摄所需的飞行数据和摄影数据,主要包括绝对航高、摄影航高、影像重叠度、航摄基线、航线间隔距、航摄分区的航线数、曝光时间间隔和影像数等。

(四)空域申请

根据具体任务,结合项目飞行范围,携带公司运营执照、航飞资质、人员信息、任务委托书、任务申请书、申请空域的坐标位置等资料到空军航管处办理空域申请。如果是管辖区,根据申请空域审批里面的内容,按时进行航飞。如果是非管辖区,根据周围环境,确保安全后再正式作业。

(五)确定航摄日期和时间

航空摄影应选择本摄区最有利的气象条件,尽可能地避免或减少地表植被和其他覆盖物(如积雪、洪水、沙尘等)对摄影和测图的不良影响,确保航摄影像能够真实地显现地面细部。

在项目规定的航摄作业期限内选择最佳航摄季节,综合考虑以下主要因素:

(1)摄区晴天日数多。

(2)大气透明度好。

(3)光照充足。

(4)地表植被及其覆盖物(如洪水、积雪、农作物等)对摄影和成图的影响最小。

(5)彩红外、真彩色摄影,在北方一般避开冬季。

航摄时间的选定原则如下:

(1)既要保证具有充足的光照度,又要避免过大的阴影,一般按表 2-2 的规定执行。对高差特别大的陡峭山区或高层建筑物密集的大城市,应进行专门的设计。

表 2-2 航摄时间选择与太阳高度角的关系

地形类别	太阳高度角/(°)	阴影倍数
平地	>20	<3
丘陵地、小城镇	>30	<2
山地、中等城市	≥45	≤1
高差特大的陡峭山区和高层建筑物密集的大城市	限在当地正午前后各 1 小时进行摄影	<1

(2)沙漠、戈壁滩等地面反光强烈的地区,一般在当地正午前后各 2 小时内不应摄影。

(3)彩红外与真彩色摄影应在色温 4 500～6 800 K 范围内进行;雨后绿色植被表面水滴未干时不应进行彩红外摄影。

(六)航空摄影实施

航空摄影准备工作结束后,按照实施航空摄影的规定日期,选择天空晴朗少云、能见度好、气流平稳的天气,在中午前后的几个小时进入摄区进行航空摄影。无人机依据领航图起飞进入摄区航线,按规定的曝光时间和计算的曝光间隔连续地对地面进行摄影,直至第一条航线拍完为止。然后飞机盘旋转弯 180°进入第二条航线进行拍摄,直至摄影分区拍摄完毕。如果测区面积较大、航线太长或地形变化大,可将测区分为若干分区,按区进行摄影。

(七)影像质量检查

飞行完毕后,应尽快进行影像预处理,对像片进行检查、验收与评定,以此来确定是否需要重摄或是补摄。

四、任务实施

(一)航摄准备

1. 任务规划

(1)任务目标:无人机航空摄影获取××市××镇××村某一区域面积为 1 km² 的 1∶500 数字正射影像图。

(2)根据成果要求编写任务设计书,确定规划用图、摄影比例尺(分辨率)、影像重叠度要求等内容。地面分辨率优于 5 cm,航向重叠度为 80%,旁向重叠度为 60%。

2. 设备准备

1)无人机类型的选择

固定翼无人机续航时间长,有的可超过 1 小时、速度快、航程远,但是无法悬停和垂直起降,对起降场地要求高。多旋翼无人机可定点悬停和垂直起降,操作比较简单,但是续航时间短,一般不超过 30 分钟,航程也短。因此需要根据实际需求选择合适的无人机类型。

2)相机的选择与调试

根据任务设计书要求的分辨率、航高以及生产需求选择合适焦距的相机,并且根据航飞设计估计照片的数量,确保存储卡能够存储所有影像资料。然后进行相机调试。

(1)设置相机:拍照模式为 M 档(手动模式);焦距模式为 S 档(快门优先模式);快门为 1/1 250;光圈为 6.3;曝光补偿为＋－0;ISO(感光度)为 AUTO(全自动模式);优化校准为标准;锐度、对比度、饱和度分别为＋3、＋3、＋3。其中快门和光圈根据具体作业天气而定。

(2)拍照:在地面上选取距离一个飞行高度的参照物进行拍照,因为此时光圈处于 S 档(自动挡),拍完照之后,相机光圈为一个飞行高度的光圈。

(3)光圈设置:将焦距模式调到 MF 档(手动对焦模式),并用纸胶带或电工胶带将手调光圈缠绕固定。

(4)拍照测试:在此模式下,对着刚才距离一个飞行高度的参照物进行拍照,检查照片质量,如有虚焦,将刚才固定的胶带拿下,重新完成以上步骤,直到得到满意质量的照片为止。

3)设备检查装箱

电池要充满电,确保外场所需的电池电量充足,并记录充电容量,然后对无人机、地面站、遥控器以及周边设备进行通电检查,最后清点设备,完成装箱。

3. 考察起降场地

依据无人机的起降条件选定尽可能开阔的场地;远离人群、高大的建筑物、机场、军事管辖区及其他敏感区域;要求地面平整,进场条件较好,视野开阔,风向有利,距离作业区域较近。灾害调查与监测等应急性质的航摄作业,在保证飞行安全的前提下,起降场地要求可适当放宽。

(二)设备组装

1. 无人机组装

进入场地后,按照设备说明书要求组装无人机及地面站(注意无人机在使用前需要进行实名注册),完成组装后打开遥控器(确保遥控器模型对应飞机正确),进行通电检查,流程如下:

(1)将无人机放置在起降点,检查飞机机体结构有无明显损坏;检查机臂安装是否到位;检查螺旋桨安装是否正确。

(2)检查遥控器设置是否正确;检查油门位置是否为最低;检查脚架收放开关是否为放下状态;检查任务模式开关是否为任务模式;检查飞行模式是否为手动模式。检查完毕后,方可打开遥控器。

(3)飞机通电前应测量电压并检查两块电池电压是否一致;总电压允许误差为 0.1 V 左右。通电时可以先插一块电池,然后静置飞机,等待飞控自检完毕,飞控指示灯为蓝灯或绿灯闪烁再插另一块电池,最后盖好舱盖。

(4)先开遥控器,再接动力电,切记两块电池都要通电。

2. 数据连接

先安装好 AheadX Space 地面站软件并打开,选择数传端口,因为各计算机识别数传的端口编号不一样,一般选择除 COM1 以外的另一 COM 端口。选择特定的波特率和要连接的无人机类型,单击"ON"→"同步",等待进度条完成,单击"进入地面站",如图 2-5 所示。

3. 航线任务规划

(1)选择菜单栏中的"航线编辑"菜单,打开"区域管理"面板,加载 KML 格式测区范围。

(2)单击"绘制航线或自定义区域",直接在地图上打点选取飞行范围,按照成果要求调整航测参数,然后单击"生成"按钮,如图 2-6 所示。

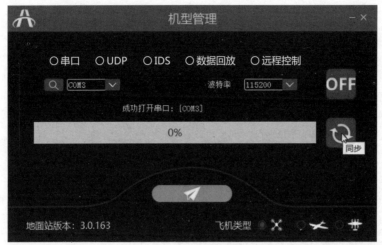

图 2-5　飞控数据连接

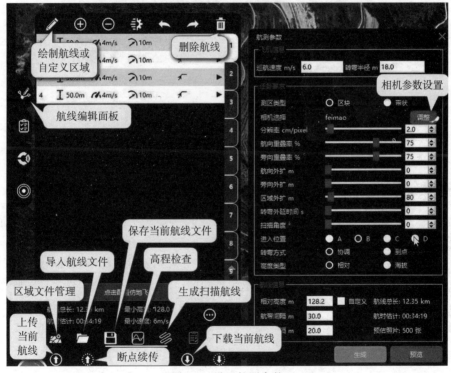

图 2-6　设置航测参数

（3）生成航线以后，检查航线拍照点。

（4）选择挂载相机，如果是新挂载相机，需要进行相机参数设置，如图 2-7 所示。

（5）单击"高度检查"，在弹出的"飞行高度检查"界面中选择"点选参考起飞点"。然后在地图上点选无人机起降点，再单击"高程检查"，查看地面高度与飞机高度的高度差，检查飞行高度是否安全。

（6）单击"航线保存"按钮将航线保存到文件中。上传航线后删除原有航线，重新下载航线，验证航线上传完整性。

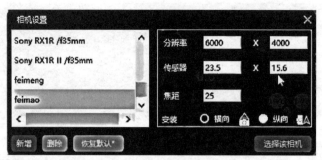

图 2-7　相机参数设置

（7）打开"数据信息"→"POS 数据"菜单，单击"清除信息"，清除上架次定位测姿系统（position and orientation system，POS）数据，单击"拍照一次"试拍照片，检查挂载相机工作情况，如图 2-8 所示。

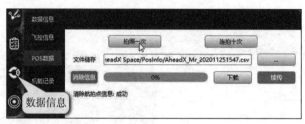

图 2-8　挂载相机检查

（8）利用在线地球软件加载航摄范围，对航摄高程和飞行环境再次进行检查。

（9）单击航线图标，设置无人机归航降落情况，如图 2-9 所示。

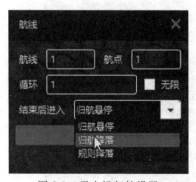

图 2-9　无人机归航设置

（三）航空摄影

1. 起飞

（1）单击菜单栏的"飞行数据"，对飞机状况进行实时监控。

（2）云台测试：观察云台增稳转向是否正确。

（3）相机测试：打开相机，检查相机快门和曝光补偿参数是否正确；在菜单栏中，单击"触发相机"，观察云台是否摆动，相机是否拍照。

（4）起落架检查：抱起无人机，站立在 1、2 号或 4、5 号支臂之间，脚架收放开关每次拨动要有 2～3 s 的时间间隔，飞机重新上电后脚架收放开关应重复拨动 2 次。

（5）安全开关：长按 4、5 号支臂之间的安全开关，直到电调提示音停止。

（6）遥控器：首先将遥控器油门位置调至最低，摇杆在最右，待飞控发出提示音后，螺旋桨开始怠速转动；接着将遥控器飞行模式开关拨到自动模式；最后轻推油门，飞机开始上升，油门位置保持在 50% 左右，将脚架收放开关拨到收拾状态，脚架收起。

2. 无人机执行飞行任务

飞控手应做到遥控器不离手，时刻注意无人机飞行状态，并且不能对遥控器有误操作。另外需要对地面站进行监测，实时了解无人机飞行姿态与飞行轨迹。

3．降落

（1）任务执行完毕，无人机自动返航到 HOME 点后，无人机开始自主下降。

（2）飞机下降过程中应注意脚架有无自动放下，若没有放下，应手动将脚架收放开关拨到放下状态。

（3）飞机高度降到 30 m 左右，观察机头朝向，并轻轻拨动方向杆将飞机机头朝向调整到与自己面朝方向一致（即机尾正对自己）。

（4）判断降落位置，若飞机落地位置不理想，应轻拨右侧摇杆调整飞机降落位置。

（5）飞机落地后，将遥控器油门收到最低，摇杆向左，加锁飞控（待飞控发出提示音，螺旋桨停转即加锁）。

（6）将遥控器脚架收放开关拨到放下，将飞行模式开关拨到手动模式（若用遥控器任务模式开关控制返航，应将任务模式开关拨回任务模式）。

（7）长按飞机安全开关 3～5 s，加锁飞机（安全开关灯由常亮变为闪烁即为加锁）。

（8）关闭相机电源。

（9）打开舱盖，断开飞机电源，取下电池。

（10）关闭遥控器。

（四）数据导出与设备整理

（1）相机照片：将相机关机后拔掉相机触发线，取下相机。将本架次的照片复制出来，建立一个新的文件夹。

（2）POS 数据：在"POS 数据"对话框中选择 POS 数据存储位置，单击"下载"，导出 POS数据，如图 2-10 所示，检查 POS 数据和照片数据并整理。完成作业后按要求拆装无人机及地面站，清点设备数量。

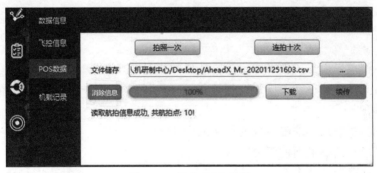

图 2-10　导出 POS 数据

五、思考题

1．简述无人机测绘航空摄影的主要流程。

2．简述无人机航飞航高如何计算。

任务三　无人机航摄成果质量检查

一、任务描述

无人机航摄成果是重要的原始数据,其质量好坏直接影响最终成果质量好坏。因此学会分析获取影像过程中涉及的影响影像质量的因素,是摄影测量学习的重点内容之一。本任务从低空数字航空摄影规范对影像的质量要求、航空摄影成果质量检查的实施来探求如何获取满足项目需求的高质量航空摄影测量影像。

二、教学目标

(1)掌握摄影测量对于航摄像片质量的基本要求。
(2)掌握航摄成果质检的方法。

三、知识准备

(一)影像畸变误差

相机在出厂时,会对其各项参数进行检校。在运输和安置过程中,相机可能会发生变化,所以在航飞之前,要对相机进行一次检校。检校主要是指检校相机的主点、径向畸变和偏心畸变,还有相机的像幅大小、像素大小和焦距等相机参数。

以下是相机检校的几个相关术语。

像主点:摄影中心和像平面的垂线与像平面的交点。其对应的坐标是像主点在框标坐标系中的坐标。

径向畸变:图像像素点以畸变中心为中心点,沿着径向产生的位置偏差,从而导致影像畸变。

切向畸变:物镜平面与成像平面不平行造成的影像畸变。

偏心畸变:光学系统存在不同程度的偏心,即透镜组的光学中心不是完全在一条直线上,所造成的影像畸变。

薄棱镜畸变:物镜加工缺陷造成的影像畸变。

焦距:透镜中心到焦平面的距离。

像幅大小:传感器尺寸大小。

像素大小:也称像元大小,是组成数字化影像的最小单元。

(二)航摄像片质量因素

航摄影像作为第一手数据成果,直接影响后期其他成果的精度和质量。数字航空摄影规范对航摄影像质量做出了明确要求,主要从飞行质量及影像质量两方面去衡量航摄影像质量。

1. 飞行质量

1)像片的重叠度

摄影测量使用的航摄影像要求有足够的航向重叠度和旁向重叠度。影像的重叠部分是立体观察和影像模型连接所必须的条件。在航向方向必须要有 3 张相邻影像有公共重叠区域,这一公共重叠区域称为三度重叠部分。传统摄影测量相关规范要求航向重叠度一般应为

60%～65%,个别最大应不大于75%,最小应不小于53%。当个别像对的航向重叠度小于53%但大于51%,且其相邻像对的航向重叠度不小于58%,能确保测图定向点和测绘工作边距像片边缘不少于1.5 cm时,可视为合格。旁向重叠度一般应为20%～30%,个别最小应不小于13%。按图幅中心线和旁向两相邻图幅公共图廓线敷设航线时,至少要保证图廓线距像片边缘不少于1.5 cm。重叠度要求具体参见《数字航空摄影规范　第一部分:框幅式数字航空摄影》(GB/T 27920.1—2011)。

由于无人机体积小、抗风能力弱、姿态不稳定等,航空摄影获取的数据质量往往不能满足上文规范中的重叠度要求,所以对无人机航摄影像重叠度的要求有所提高,一些摄影测量软件也专门添加了无人机数据处理模块。要求无人机航摄成果航向重叠度一般为60%～80%,最小应不小于53%;旁向重叠度一般为15%～60%,最小应不小于8%。具体要求见《低空数字航空摄影规范》(CH/Z 3005—2010)。

2)像片倾角

在摄影瞬间摄影机轴发生了倾斜,摄影机轴与铅直方向的夹角 α 称为像片倾角。以测绘地形为目的的空中摄影多采用竖直摄影方式,要求在曝光的瞬间航摄仪物镜主光轴垂直于地面。实际上,受飞机的稳定性和摄影操作的技能限制,航摄仪主光轴在曝光时总会有微小的倾斜,像片倾角一般不大于2°,个别最大不大于4°,如图2-11所示。

3)像片旋角

相邻2张像片的像主点连线与像幅沿航线方向的2条框标连线间的夹角 Ka 称为像片旋角,如图2-12所示。它是由于摄影时航摄仪定向不准确而产生的,不但影响影像的重叠度,而且会给航测内业作业增加困难。

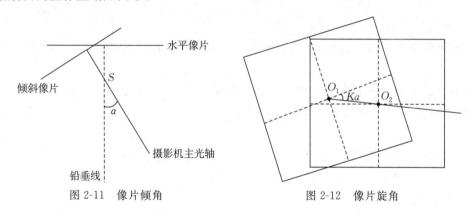

图 2-11　像片倾角　　　　图 2-12　像片旋角

对于像片旋角,根据不同的航高有不同的要求。

(1)航摄比例尺小于1∶7 000、相对航高大于1 200 m时,像片旋角一般不大于6°,最大不超过8°。

(2)航摄比例尺小于1∶3 500、大于或等于1∶7 000时,像片旋角一般不大于8°,个别最大不超过10°。

(3)在一条航线上达到或接近最大像片旋角的像片数应不超过3张,且应不连续;在一个摄区内出现最大像片旋角的像片数应不超过摄区像片总数的4%。

4)航线弯曲度

航线弯曲度是航线两端像片的像主点间的直线距离 L 与偏离该直线最远的像主点到直

线的距离 δ 之比。一般要求航线弯曲度不得大于 3%，以免影响旁向重叠以及导致常规测绘过程中的空三加密和影像联测等发生困难，如图 2-13 所示。

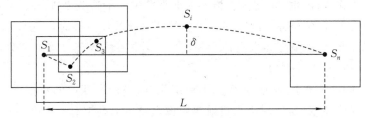

图 2-13 航线弯曲度

5) 航高

摄影航高是指航摄仪物镜中心 S 在摄影瞬间相对某一基准面的高度。航高是从该基准面起算的，向上为正号。根据所取基准面的不同，航高可分为相对航高和绝对航高，如图 2-14 所示。

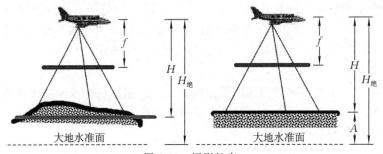

图 2-14 摄影航高

(1) 相对航高 H：航摄仪物镜中心 S 在摄影瞬间相对于摄影区域地面平均高程基准面的高度。

(2) 绝对航高 $H_绝$：航摄仪物镜中心 S 在摄影瞬间相对于大地水准面的高度。摄影区域地面平均高程 A、相对高程 H、绝对高程 $H_绝$ 之间的关系为

$$H_绝 = A + H \tag{2-2}$$

为了避免同一摄区影像比例尺不一致，规范规定，同一航线内最大航高与最小航高之差应不大于 30 m，摄影区域内实际航高与设计航高之差应不大于 50 m。

6) 摄影比例尺

摄影比例尺又称为像片比例尺，其严格的定义为：航摄像片上一线段为 l 的影像与地面上相应线段的水平距离 L 之比，即 $1/m = l/L$。由于航空摄影时航摄像片不能严格保持水平，再加上地形起伏，所以航摄像片上的影像比例尺处处不相等。

通常所说的摄影比例尺是指平均的比例尺，当取摄区内的平均高程面作为摄影基准面时，摄影机的物镜中心至该面的距离称为摄影航高，一般用 H 表示，摄影比例尺表示为 $1/m = f/H$，f 为摄影机主距。

摄影比例尺越大，像片地面分辨率越高，越有利于影像的解译与成图精度的提高，但会增加工作量以及费用，所以摄影比例尺要根据实际生产需求来确定。无人机航空摄影时航摄比例尺与成图比例尺的关系如表 2-3 所示，具体要求按测图规范执行。摄影比例尺的原理如

图 2-15 所示。

表 2-3　航摄比例尺与成图比例尺的关系

航摄比例尺	成图比例尺
1∶500	1∶2 000～1∶3 500
1∶1 000	1∶3 500～1∶7 000
1∶2 000	1∶7 000～1∶14 000

在航摄过程中,受外界因素的影响,飞行器很难以设计的航高飞行,一般要求同一条航线上相邻像片的航高差应不大于 20 m,最大航高与最小航高之差应不大于 30 m。航摄分区内实际航高与设计航高之差应不大于 50 m;当相对航高大于 1 000 m 时,其实际航高与设计航高之差应不大于设计航高的 5%。

2. 影像质量

影像质量应满足以下要求:

(1)影像清晰,层次丰富,反差适中,色调柔和;能辨认出与地面分辨率相适应的细小地物影像;能够建立清晰的立体模型。

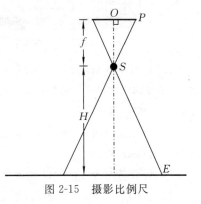

图 2-15　摄影比例尺

(2)影像上没有云、云影、烟、大面积反光、污点等缺陷。虽然存在少量缺陷,但不影响立体模型的连接和测绘,可以用于测制线划图。

(3)确保因飞机地速的影响,在曝光瞬间造成的像点位移一般不大于 1 像素,最大不大于 1.5 像素。

(4)拼接影像无明显模糊、重影和错位现象。

四、任务实施

航飞数据的精度直接决定了后期成果的质量。在无人机飞行过程中,受高空中阵风的影响,无人机容易偏离航线,从而影响影像的质量。为了确保测绘产品精度,防止漏拍、偏移等问题的出现,有问题时能及时补救,在无人机数据采集完成后,结合机载 POS 数据对无人机进行飞行质量和影像质量检查,检查是否满足航拍设计及数据处理要求。

(一)航摄数据的完整性和可用性

(1)查看影像数据是否完整。检查多镜头航摄中每个镜头的影像数量是否一致,定位数据和影像数据个数是否一致。检查航飞有没有出现相对漏洞或绝对漏洞,对于漏洞区域,按照原先设计参数进行补摄。

(2)检查影像数据是否可用。通过人眼观察,检查影像的清晰度、色调是否一致,地物颜色需要和人眼平时看到的颜色一致,地物应能够看清楚。

(二)影像的重叠度以及总体质量

检查影像的重叠度和总体质量,可以通过航飞质检软件进行检查。例如,用 OKMatrix 软件进行数据检查的流程如下。

(1)数据准备:准备影像文件(. tif、. jpg 格式)、POS 文件(. pht 格式)。其中 POS 文件中影像 ID 一定要和影像名称一致,否则有可能无法找到影像对应的 POS 参数,造成个别影像丢失。添加了 POS 文件会提高影像建立相互关系的速度。POS 文件格式如图 2-16 所示。

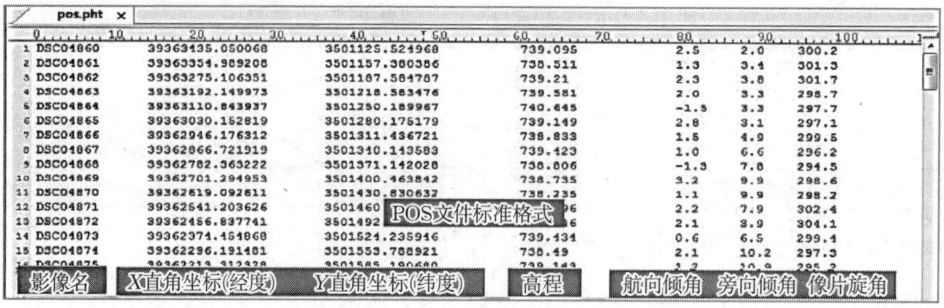

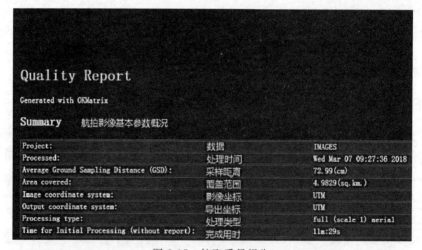

图 2-16　POS 文件格式

（2）打开 OKMatrix 软件，单击左下角图标，添加影像和 POS 数据文件夹目录。在视图区域，当有 POS 文件时，影像名称以绿色显示，否则以黄色显示，由 POS 文件决定其排列方式，反映无人机拍摄时的轨迹图。

（3）单击左下角启动键，根据项目要求选择采样距离和运行模式，单击"确定"，程序自动开始执行运算处理。

（4）处理完毕后，软件自动生成航飞质量报告。

如图 2-17 所示，可以通过航飞质量报告查看航飞数据是否准确。图 2-18 是航摄影像总体质量，字体绿色表示该指标合格，黄色表示提醒，红色表示指标错误。图 2-19 是影像重叠度检查报告图，反映了影像的重叠度，图中不同的颜色对应不同的像片重叠数量。

图 2-17　航飞质量报告

图 2-18　航摄影像总体质量

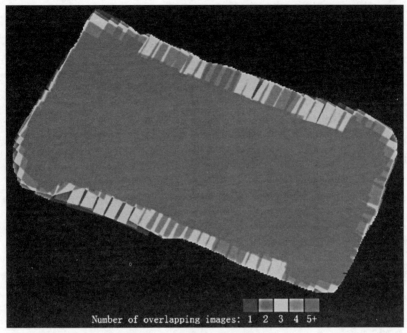

图 2-19　影像重叠度检查报告图

(三)无人机影像质量检查

无人机影像质量检查一般采用目视法。具体检查方式如下：

(1)采用影像查看软件打开所有影像,详查每张影像是否清晰、是否存有曝光过度或不足等问题。

(2)检查影像上的云影、烟雾、大面积反光、污点对地表要素的影响程度和阴影长度状况,检查纹理清晰状况及纹理的完整程度等。

(3)检查每张影像是否存在模糊、重影和错位现象。

(4)使用 Photoshop 等图像处理软件,打开相邻影像,检查是否存在像点位移问题。

(5)采用 OKMatrix 等快拼软件加载所有影像,检查影像整体的色调及航向、旁向影像的色调柔和度和色彩反差等情况。

(四)摄区边界覆盖检查

航向覆盖超出摄区边界线应不少于 2 条基线。旁向覆盖超出摄区边界线一般应不少于像幅的 50%;在便于施测像控点及不影响内业正常加密时,旁向覆盖超出摄区边界线应不少于像幅的 30%。

五、思考题

如何判断无人机摄影测量获取的航摄像片是否符合项目要求?

项目三　像控点测量

无人机摄影测量的核心是解析空中三角测量,即利用航摄像片与所摄目标之间的空间几何关系,根据少量像控点,计算待求点的平面位置、高程和像片外方位元素。像控点是解析空中三角测量和立体测图的基础,像控点位置的选择、平面位置和高程的测定直接影响内业成图的精度。

像控点测量是在测区四周和中间均匀布设控制点,以测区内高等级控制点为基础,采用控制测量的方法,联测出像控点的测量坐标,整理为内业软件可读取的控制点文件,并制作像控点点之记文件的过程。

任务一　像控点的布设

一、任务描述

像控点的布设是像控点测量的主要内容之一,像控点的作用在于将摄影测量工程纳入控制点所在坐标系,同时通过多余观测对匹配得到的加密点坐标重新进行平差解算。为了满足平差解算要求,像控点布设的位置和密度都有严格的要求。

二、教学目标

(1)掌握像控点的基本概念。
(2)熟悉像控点的布设原则。
(3)掌握像控点的布设方案。
(4)了解像控点的选点要求。

三、知识准备

(一)像控点基本概念

像控点是为满足解析空中三角测量的需要,直接在实地测定的控制点。根据其具体应用可分为下列三种类型。

(1)平面控制点:只需测定点的平面坐标,简称"平面点",一般用 P 代表。
(2)高程控制点:只需测定点的高程,简称"高程点",一般用 G 代表。
(3)平高控制点:需同时测定点的平面坐标和高程,简称"平高点",一般用 N 代表。

(二)像控点的布设原则

(1)像控点一般按航线全区统一布设,可不受图幅单位的限制。像控点在测区内构成一定的几何强度,且均匀分布在整个测区。
(2)布设在同一位置的平面点和高程点,应尽量联测成平高点。
(3)相邻像对和相邻航线之间的像控点应尽量公用。

（4）位于不同成图方法的图幅之间的像控点，或位于不同航线、不同航区分界处的像控点，应分别满足不同成图方法的图幅或不同航线和航区各自测图的要求，否则应分别布点。

（5）当图幅内地形复杂，需采用不同成图方法布点时，一幅图内一般不超过两种布点方案，每种布点方案所包括的像对范围相对集中，应尽量按航线布点，以便于进行内业作业。

（6）位于自由图边或非连续作业的待测图边的像控点，一律布设在图廓线外，确保成图满幅。

（三）像控点的布设方案

在无人机摄影测量中，作业区域的范围形状各有千秋，为了满足成图精度要求，像控点的布设也要因形状的变化而设置不同的方案。

（1）规则矩形和正方形：小面积区域最少布设 5 个控制点，航飞区域内 4 个角各 1 个，区域中央 1 个，大面积区域相应地增加控制点，如图 3-1 所示。

图 3-1　规则形状区域像控点布设方案

（2）不规则图形：很多时候飞行区域是不规则的图形，那么可根据地形沿测区范围四周均匀布设一圈像控点，再在测区中间均匀加密，确保布设的像控点能均匀地覆盖整个测区，如图 3-2 所示。

图 3-2　不规则形状区域像控点布设方案

（3）河道、公路等带状区域，可采用"Z"字形布点法，在垂直于带状两边各布设一对像控点，沿带状区域中间再加设一个像控点，如图 3-3 所示。

图 3-3　带状区域像控点布设方案

　　像控点布设的密度要考虑测区地形和成图精度（比例尺）要求。如地形起伏较大，地貌复杂，需增加像控点的布设数量（10％～20％）。飞行器搭载有 RTK 或者 PPK 后差分系统，理论上可以减少像控点的数量，可以根据项目测试经验自行调整。像控点布设密度与成图精度关系如表 3-1 所示。

表 3-1　像控点布设密度与成图精度关系

影像分辨率/cm	像控点密度/(m/个)	项目类型
1.5	100～200	地籍高精度测量
2.0	200～300	1∶500 地形图测量
3.0	300～500	1∶1 000 地形图测量
5.0	500	常规规划设计测量

（四）像控点的选点要求

　　为提高像控点刺点精度，增强外业控制点的可靠性，应尽可能在航摄前人工设置地面标志（地标）作为像控点，也可以选择自然地物作为刺点目标，如图 3-4、图 3-5 所示。

图 3-4　人工标靶

图 3-5　自然地物目标点

　　像控点的目标选择需满足以下要求：

　　（1）选点要尽量选择固定、平整、清晰易识别、无阴影、无遮挡区域，如斑马线角点、房屋顶角点等,方便内业数据处理人员查找。

(2)像控点应选择较为尖锐的标志物,尽量选择平坦地方,避免树下、房角等容易被遮挡的地方。

(3)像控点和周边的色彩需要形成鲜明对比,如果周边是深色,则目标以浅色为主。

(4)以自然地物为刺点目标的,应该选择比较大的地物,并且提供说明像控点位置的实景照片,至少包含 1 张近景和 1 张关联周边地物的照片。

(5)像控点标靶半径应大于 70 cm,并且不易出现方向性错误,能够明确显示是标靶的哪一部位。

(五)像控点的命名

像控点应统一命名,同一测区内不应重号。同一测区内有多个区域划分时,像控点命名加入测区编号。

像控点命名为:地名+测区编号+点编号。检查点编号为:J 地名+测区编号+点编号。例如,孙集村 1 区像控点命名为 SJC1Q001、SJC1Q002……SJC1Q123,该区检查点命名为JSJC1Q001、JSJC1Q002。

四、任务实施

以某任务区实施1:500 比例尺成图精度要求为例介绍像控点的布设。

(一)任务概况

为了核准某高新时代广场建设是否符合设计要求,受当地城乡规划主管部门邀请,完成该广场的建设现场1:500 地形图测绘任务。该广场东西长约 300 m,南北宽约 400 m,从某地图平台获取该该广场影像,借助某地图平台软件完成该任务区的像控点布设任务,如图 3-6所示。

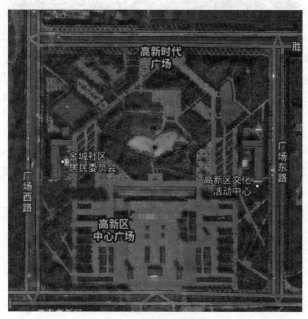

图 3-6　任务区域图

（二）像控点布设方案

结合该任务区的概况，在像控点布设时应满足以下要求：

（1）任务区为规则的小面积四边形区域，像控点布设时可采用规则矩形布设方案。

（2）要满足 1∶500 成图精度要求，平均每 200～300 m 均匀布设像控点。

（3）本任务区的像控点可全部布设为平高点，以字母"N"冠名，点号遵循"从北至南、从西至东"的排序原则。

（4）综合上述要求，该任务区可以布设 5 个像控点，航飞区域内 4 个角各 1 个，区域中央 1 个。像控点布设方案如图 3-7 所示。

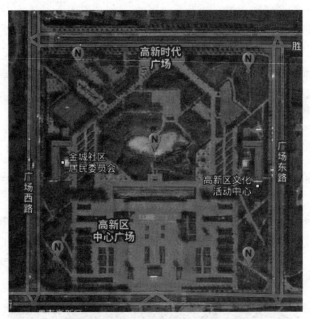

图 3-7　像控点布设

（三）像控点实地布设

本任务区像控点的设计点位在实地均为硬化地表，且无明显的地标图案，因此，在进行该任务区的像控点实地布设时采用临时标靶，且标靶半径大于 70 cm，标靶样图如图 3-8 所示。

图 3-8　标靶样图

按像控点布设方案设计点位到实地进行安置，安置点位应参照像控点的选点要求，合理选择安置位置。

五、思考题

1. 简述像控点测量的主要意图。
2. 简述像控点的布设原则。
3. 简述像控点的选点要求。

任务二 像控点采集

一、任务描述

像控点采集是利用相关测量仪器在实地测定内业布设的像控点并形成点之记的过程。像控点目标选择的好坏和点位指示的准确程度直接影响内业空三刺点的精度,所以要确保像控点目标选择的合理性和点位指示的准确性。本任务介绍像控点点位选择、标志喷绘、坐标测量、刺点片制作等内容。

二、教学目标

(1)掌握像控点实地选点的方法。
(2)掌握像控点测量的基本要求。

三、知识准备

(一)像控点测量方法

GNSS-RTK 技术具有全天候、高精度、测站间无须通视等诸多优点,已成为像控点测量的最主要方式。RTK 测量分为电台模式和连续运行基准站(continuously operating reference station,CORS)模式两种。电台模式下至少需要两台接收机,一台为基准站,另一台为移动站。基准站通过数据链将差分改正信息及自身位置发送给移动站,移动站接收来自基准站的数据,并进行实时解算,从而得到高精度的位置信息。CORS 模式的实质是在区域内建立起若干个固定的、连续运行的基准站,用户只需要一台接收机作为移动站即可开始作业,移动站接收来自 CORS 系统的差分数据,实时解算得到其位置信息。

1. 电台模式

电台模式下需自行架设基准站,为保证基准站与移动站通信的稳定性,基准站应当架设在环境空旷、视野开阔、地势较高的地方,避免架设在附近有高压输变电、无线电通信设备等影响基准站无线电信号发射与移动站信号接收的区域。

基准站架设主要是将接收机、蓄电池、电台、天线等硬件进行连接,而后进行基准站设置,包括基准站数据链、电台通道、电台频率等内容的设置。

移动站连接主要包括移动站接收机、对中杆、天线连接,连接完成后进行移动站设置,包括主机数据链、电台通道设置,其中电台通道应当与基准站电台通道一致,才能保证基准站与移动站正常通信。设置完成后移动站显示固定解状态,如图 3-9、图 3-10 所示。

图 3-9　电台通道　　　　　　　图 3-10　电台

2. CORS 模式

CORS 模式下无须架设基准站,只需对移动站进行简单设置。设置内容包括移动站功能模块、通信协议、IP 地址、端口、接入点、用户名及密码。近年来,CORS 技术不断发展,覆盖范围越来越广,信号传输稳定性不断增强,定位精度越来越高,所以该工作模式在像控点测量中得到广泛应用。

CORS 设置中的用户名和密码由 CORS 系统服务商提供,IP 地址或域名用于访问 CORS 网络的地址,接入点或源节点需根据移动站的卫星系统进行选择。若移动站为"单星系统",则接入点为 RTCM23_GPS,表示其只接收 CORS 系统播发的全球定位系统(Global Positioning System,GPS)差分数据;若为"双星系统",则接入点为 RTCM30_GG,表示其接收 CORS 系统播发的 GPS 与格洛纳斯导航卫星系统(Global Navigation Satellite System,GLONASS)差分数据;若为"三星系统",则接入点选择 RTCM32_GGB,表示其接收 CORS 系统播发的 GPS 与 GLONASS 及北斗导航卫星系统差分数据。

目前市面上也出现了 5 星 16 频的接收机,如华测 S10、千寻星耀 6、司南 S5 等型号接收机,同时能接收中国的北斗、俄罗斯的 GLONASS、美国的 GPS、欧盟的伽利略导航卫星系统(Galileo Navigation Satellite System,Galileo)还有日本的准天顶导航卫星系统(Quasi-zenith Satellite System,QZSS)5 个卫星系统的导航卫星数据,其定位速度快,定位精度高。CORS 的形态如图 3-11、图 3-12 所示。

图 3-11　CORS 形态一　　　　　　图 3-12　CORS 形态二

（二）像控点点位实地判定

像控点测量可根据摄区环境选择在航摄前或航摄后进行。布设像控点时，可利用遥感影像进行像控点点位概选。若测区内符合像控点选点要求的特征地物的个数及分布情况能够满足像控点布设要求，可在航摄完成后测量此类特征点作为像控点；当测区内可用作像控点的特征地物较少，不能满足摄区精度要求，需在航摄前铺设地面像控点标志。

1．以特征地物为像控点的基本要求

（1）点位应清晰易判读。

（2）点位应选在明显地物上，一般可选在交角良好的线状地物交点、明显地物折角顶点、围墙的拐角。弧形地物及阴影等均不应选作点位目标。

（3）高程控制点应选在高程变化不大的地方。

（4）平高控制点应同时满足平面和高程控制点对点位目标的要求。

（5）在有硬界地物和耕地、道路交叉时首选硬界目标。不在同一平面内的交叉点不允许作为刺点目标。

（6）尽量远离河流、湖泊等水面，以及高压电线及塔、变压器附近等对测量仪器信号有干扰的位置。

2．实地布设像控点标志的基本要求

（1）应考虑标志所用的材料及颜色，标志的形状、尺寸等因素，确保地面标志经摄影后在像片上的构像为理想的刺点目标。选择标志材料时，应考虑其色调、标志的安全、成本和携带方便等因素。标志的形状应根据布设点位所处的环境特性来确定。标志点应布设在像片上容易判读其精确位置的明显目标地物上，常用的像控点形状有三角形、L形，如图 3-13、图 3-14 所示。

图 3-13　三角形标志

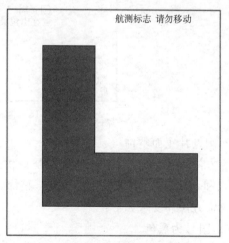

图 3-14　L形标志

（2）选择硬质面状区域内布设像控点，在城市和隐蔽地区还应考虑标志的对空视角，防止点位被其他地物遮挡。

（3）标志布设后，应及时进行测量，防止点位被破坏。

（三）刺点片制作

1．像片刺点

像片刺点应满足以下要求：

(1)刺点时应在相邻像片中选取影像最清晰的一张像片用于刺点,刺孔直径应不大于0.1 mm,并要刺透。刺偏时应换片重刺,不允许有双孔。

(2)平面控制点和平高控制点的刺点误差应不大于像片上0.1 mm,高程控制点也应准确刺出。

(3)同一控制点只能在一张像片上有刺孔,不能在多张像片上有刺孔,以免造成错判。

(4)国家等级三角点、水准点、埋石的高等级地形控制点,应在控制像片上按平面控制点的刺点精度刺出;当不能准确刺出时,水准点可按测定碎部点的方法刺出,三角点和埋石点在像片正、反面的相应位置上用虚线表示,并说明点位置和绘制点位略图。

2. 刺点片整饰

1)刺点片反面整饰

像片的反面整饰是按一定要求在像片反面书写刺点说明,并简明绘出刺点略图,标明控制点的位置和点名、点号。图中圆圈代表平面点、平高点或高程点,并分别以 P、N、G 编写其点号。点位略图用黑色铅笔依影像灰度描绘,如图 3-15 所示。

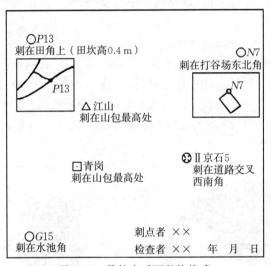

图 3-15　像控点反面整饰格式

2)刺点片正面整饰

为方便内业对像控点的应用,凡是提供给内业使用的像控点、高等级地形控制点(包括GPS 点和导线点)均需在像片正面进行整饰。

整饰方法和要求如下:

(1)图号为黑色。

(2)凡已准确刺出的三角点、GPS 点、小三角点(5″导线点)均用红色墨水表示,以其相应图式符号将其边长放大至 7 mm 进行整饰。已刺出的水准点、等外水准点、高程点用红色墨水以直径为 7 mm 的圆圈(水准点中间加"×"符号)整饰。凡不能准确刺出的点,将其相应符号改为虚线。

(3)转刺相邻图幅的公用控制点,其整饰方法同上,但需在控制点点号后加注邻幅的图幅编号。

(4)本图幅内航线间公用控制点只在相邻的航线主片上,以相应符号和颜色用特种铅笔转标,并注明刺点像片号。

(5)点名、点号及高程注记要求字体正规,用红色墨水以分数形式注出,分子为点名、点号,分母为高程,平面点只注点号。

(6)像片上如有图廓线通过,应用红色墨水绘出。像片的右下角应有整饰者签名。

像片正面整饰应注意,控制点符号应以刺孔为中心,使用小圈圆规时要在刺孔上垫一小块透明胶片,以免圆规针尖将控制点刺成双孔或将孔扩大,破坏刺点精度。

整饰格式如图 3-16 所示。

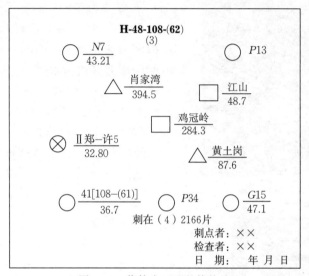

图 3-16　像控点正面整饰格式

四、任务实施

利用华测 X900 接收机连接千寻 CORS 系统完成测区像控点测量。

(一)仪器设置

首先将接收机设置为移动站模式,接收机可在开机后通过功能键进行工作模式切换,也可通过手簿进行仪器工作模式设置。

将 GNSS-RTK 接收机开机,打开手簿蓝牙设备,搜索接收机蓝牙设备,完成蓝牙配对。在配置工具栏中选择连接工具,进入仪器蓝牙连接工具,选择设备类型为 GNSS-RTK,连接方式为蓝牙,目标蓝牙为接收机仪器编号,单击"连接"按钮,完成手簿与蓝牙设备的连接。

蓝牙设备连接成功后,进入仪器工作模式设置。单击配置工具栏中"工作模式"按钮,进入"工作模式"界面,新建工作模式,"是否设置 RTK"选择"是",工作方式选择"自启动移动站",数据接收方式选择"手簿网络",通信协议选择"CORS",输入域名或 IP 地址、端口,获取源列表,输入用户名、密码,完成工作模式设置。保存后返回至"工作模式"界面,选择新建的工作模式,单击"接受"按钮,完成 CORS 站连接。待仪器显示固定解状态,则 CORS 连接完成。

(二)参数求解

在测地通软件的测量工具栏中选择"点校正",单击"添加"按钮。点对选择中,GNSS 点为实测获取的公共点的 1984 世界大地测量系统(world geodetic system 1984,WGS-84)坐标系下坐标,其中 B 为大地纬度,L 为大地经度,H 为大地高。已知点坐标为公共点在目标坐标系下坐标,可直接输入公共点点号及坐标值,其中 N 为北坐标,E 为东坐标,H 为水准高程。可将坐标实测一点添加一点,也可将参与转换参数求取的已知点坐标全部实测完成后整体添加。逐一添加至少 3 个已知点,单击"计算"按钮,查看残差。如果残差达到精度要求,将转换参数应用到工程,应用完成后找到未参与求取转换参数的一点,进行精度验证,精度合格即可开始像控点测量。

图 3-17　像控点实地测量

(三)点位测量

进入"点测量"界面,输入仪器高,选择测量模式为控制点测量,对观测时长、测量精度限差、位置精度衰减因子(position dilution of precision,PDOP)限差等进行设置,在选择好的点位上进行测量,为保证点位的准确性一般测量 3 个测回。像控点实地测量如图 3-17 所示。

(四)点位照片采集

像控点测量时,对观测点至少进行 4 次拍照,分别为 1 张近照、3 张远照,如图 3-18、图 3-19 所示。

图 3-18　实地照片(近照)

SJC1Q001　　　SJC1Q001　　　SJC1Q001
(1).jpg　　　　(2).jpg　　　　(3).jpg

图 3-19　实地照片(远照)

近照要求保证看清天线摆放位置及对中位置或者杆尖落地处,一张不够描述,可拍摄多张;远照的目的是反映刺点处与周边特征地物的相对位置关系,便于空三加密内业人员刺点。周边重要地物有房屋、道路、花圃、沟渠等。为描述清楚,远照可拍摄多张。注意在拍完照片时记录拍摄照片的张数,以便内业使用。

五、思考题

为便于像控点刺点,像控点测量时需要考虑哪些因素?

任务三　像控点整理

一、任务描述

像控点是摄影测量精度控制的基础,合理的像控点整理方案能极大地提高内业刺点效率,保证空三质量,有效避免返工重测。本任务主要学习像控点整理的内容及方法。

二、教学目标

(1)掌握像控点现场照片采集的方法。
(2)掌握刺点片制作与整饰的方法。
(3)掌握像控点成果提交的内容。

三、知识准备

像控点整理包括现场照片采集、坐标成果整理、刺点片整饰与像控点点位信息表制作四部分内容。目前航摄无人机都携带有 GNSS 及惯性测量单元(inertial measurement unit,IMU)模块,可实时获取相机曝光时影像数据的高精度 POS 信息。同时,随着计算机图形学和软件的不断发展,利用无人机搭载数码相机进行航摄已成为主流的航测作业模式,像控点的整理主要在于坐标成果的整理。

(一)坐标系统

成果坐标系统包括地理坐标系统与投影坐标系统两种,一般情况下像控点直接导出格式为平面坐标系统。但对于像控点采用独立坐标系统的测绘任务,其坐标系统与国家坐标系统不统一,如要实现快速刺点,就需要导出其地理坐标系统下的成果,来判断点位所处的照片。

1.地理坐标系统

地理坐标系统是使用经纬度来定义球面或椭球面上点的位置的参照系统,是一种球面坐标系统。最常见的位置参考坐标系统就是以经纬度来量算的球面坐标系统。地理坐标系统由经线和纬线组成,经纬度以地心与地表点之间的夹角来量算,通常以度、分、秒来度量。

2.投影坐标系统

投影坐标系统是定义在一个二维平面的坐标系统。与地理坐标系统不同的是,投影坐标系统在二维平面上有着恒定的长度、角度和面积。投影坐标系统总是基于地理坐标系统,而地理坐标系统又是基于球体或椭球体。在投影坐标系统中,以网格中心为原点,使用 (x,y) 坐标来定位。

(二)转换参数

由于 GNSS 接收机直接获取的点位坐标为 WGS-84 坐标,所以转换参数的求取是利用 GNSS-RTK 进行点测量的重要环节。坐标转换一般采用四参数与布尔莎七参数两种方法。

1.四参数

两个不同的二维平面直角坐标系进行转换时,通常使用四参数模型。在该模型中有 4 个未知参数:2 个坐标平移量 $(\Delta X,\Delta Y)$,也就是两个平面坐标系的坐标原点之间的坐标差值;平面坐标轴的旋转角度 α,通过旋转 α,可以使两个坐标系的 X 轴和 Y 轴重合在一起;尺度因子

K,也就是两个坐标系内的同一段直线的长度比值,用来实现尺度的比例转换,通常 K 值几乎等于1。

通常至少需要 2 个公共已知点和在两个不同平面直角坐标系中的 4 对 X、Y 坐标值,才能推算出这 4 个未知参数。计算出了这 4 个参数,就可以通过四参数方程组,将一个平面直角坐标系下 1 个点的 X、Y 坐标值转换为另一个平面直角坐标系下的 X、Y 坐标值。

2. 七参数

两个不同的三维空间直角坐标系进行转换时,通常使用七参数模型。在该模型中有 7 个未知参数:3 个坐标平移量 $(\Delta X, \Delta Y, \Delta Z)$,即两个空间坐标系的坐标原点之间的坐标差值;3 个坐标轴的旋转角度 $(\Delta\alpha, \Delta\beta, \Delta\gamma)$,通过按顺序旋转 3 个坐标轴指定角度,可以使两个空间直角坐标系的 X 轴、Y 轴、Z 轴重合在一起;尺度因子 K,即两个空间坐标系内的同一段直线的长度比值,用来实现尺度的比例转换,通常 K 值几乎等于1。

通常至少需要 3 个公共已知点和在两个不同空间直角坐标系中的 6 对 X、Y、Z 坐标值,才能推算这 7 个未知参数。计算出了这 7 个参数,就可以通过七参数方程组,将一个空间直角坐标系下 1 个点的 X、Y、Z 坐标值转换为另一个空间直角坐标系下的 X、Y、Z 坐标值。

图 3-20　照片整理

四、任务实施

(一)实地照片整理

像控点测量时,对观测点至少进行 4 次拍照,分别为 1 张近照、3 张远照。每一个像控点按像控点点号建立文件夹,如图 3-20 所示。像控点实地照片用像控点点号命名,如图 3-19 所示。

(二)像控点坐标导出

目前,像控点通常采用 GNSS-RTK 方法进行测量。测量完成后,将观测数据导出,通常需要导出像控点的投影坐标和大地坐标两种格式,特别是在像控点所采用的坐标系为地方坐标系时,大地坐标能够快速确定各像控点所在的航摄像片,大大地提高了刺点效率。投影坐标系下导出格式可以是.dat 或.txt,文件内容包括点名、东坐标、北坐标和高程。

将地理坐标所对应的.xls 表格、投影坐标所对应的.dat 文件或者.txt 文件,存放在像控点坐标文件夹中。

(三)刺点片整理

像控点采集完成后,为方便内业人员在空中三角测量处理时快速找到像片刺取控制点,需要对将像控点刺点片进行整理。在整理过程中,以图幅为单位,将图幅内的像控点刺点片按照像控点编号进行整理。

(四)制作像控点点位信息表

制作的像控点点位信息表样例如图 3-21 所示。

2000 国家大地坐标系		
点号	纬度/(° ′ ″)东坐标	经度/(° ′ ″)北坐标	大地高/m
SJC1Q001	569 451.556	3 569 421.669	1 456.331

点位略图

实地照片(由南向北拍摄)	点位详图

像控点位置说明:该点刺于道路白色分割线东南角,高程为地面高程。		
选 点 者	××	测量日期	2022.4.22
检 查 者	××	检查日期	2022.4.22
测量单位	三和数码测绘地理信息技术有限公司	测量方式	RTK

图 3-21　像控点点位信息表样例

(五)成果提交

要提交的成果数据有纸质版和电子版,电子版如图 3-22 所示。

> 实地照片
> XX市XX镇XX村1:2000正射影像图生产像控成果表.xlsx
> XX市XX镇XX村1:2000正射影像图生产像控点原始数据.csv
> 像控点点位信息表

图 3-22　像控点成果提交

五、思考题

像控点整理内容包括哪些? 分别有什么样的作用?

项目四　解析空中三角测量

空中三角测量是立体摄影测量中,根据少量的野外控制点,在室内进行控制点加密,求得加密点的高程和平面位置的测量方法。在传统摄影测量中,空中三角测量是通过对点位进行测定来实现的,即根据影像上量测的像点坐标及少量控制点的大地坐标,求出未知点的大地坐标,使得增加到每个模型中的已知点不少于 4 个,然后利用这些已知点求解影像的外方位元素,因而解析空中三角测量也称摄影测量加密。在整个摄影测量解算过程中,空中三角测量的精度对后期测绘产品的质量有着至关重要的影响。

任务一　解析空中三角测量生产

一、任务描述

掌握解析空中三角测量的基本知识;利用摄影测量软件对无人机航摄成果进行解析空中三角测量生产操作,得到空中三角测量生产成果。

二、教学目标

(1)掌握解析空中三角测量相关的摄影测量基础理论知识。

(2)掌握解析空中三角测量相关的理论知识。

(3)掌握利用摄影测量软件进行无人机影像空三加密的流程。

三、知识准备

(一)解析空中三角测量的定义

解析空中三角测量是利用航空航天影像与所摄目标之间的空间几何关系,根据少量像控点,计算待求点的平面位置、高程和像片外方位元素的方法。

(二)解析空中三角测量的分类

解析空中三角测量根据采用的平差模型可分为独立模型法、航带法、光束法。

(1)独立模型法解析空中三角测量是以一个立体模型为一个平差单元,利用模型间的公共点通过单元模型空间相似变换连成一个区域进行平差。

(2)航带法解析空中三角测量是以航带为单位把许多立体像对所构成的单个模型连接成一条航带,然后以一个航带模型为单元进行解析处理。

(3)光束法解析空中三角测量是以一幅影像所组成的一束光线为基本单元,以共线方程为平差的基础方程,使公共点的光线实现最佳交会,并使整个区域最佳地纳入已知的控制点坐标系。

(三)GNSS 辅助空中三角测量

GNSS 辅助空中三角测量技术是高精度 GNSS 动态差分定位测量与航空摄影测量有机结

合的一项新技术。如图 4-1 所示,在航空摄影飞机上安设一台卫星导航信号接收机,并用一定方式将它与航摄仪相连接。在航摄飞机对地摄影的同时,GNSS 接收机连续接收卫星信号,并精确记录每一个曝光时刻,经离线 GNSS 差分载波相位动态定位处理后,获取航摄仪曝光时刻摄站的坐标,按要求变换成摄区的实用坐标,然后进行区域网联合平差,从而大量减少地面控制点。

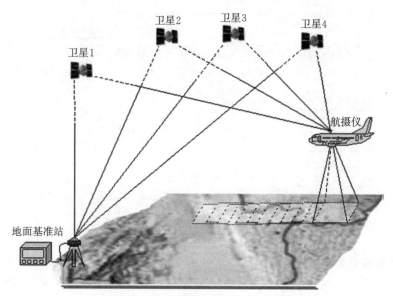

图 4-1　GNSS 辅助空中三角测量系统

　　GNSS 辅助空中三角测量的原理:空—地两台 GNSS 接收机组成差分航摄系统。由于机载 GNSS 接收机天线的相位中心不可能与航摄仪物镜后结点重合,故产生了一个偏移量 e,当摄影机固定安装在飞机上时,该偏移量为一个固定值。如图 4-2 所示,在像方坐标系中的 3 个坐标分量 (u_A, v_A, w_A) 可测定出来。由此可获得飞机上天线相位中心 A 点和摄影中心 S 点在以 M 为原定的地面坐标系中的坐标,利用像片中姿态角 φ、ω、κ 分量得到变换关系式

$$\begin{bmatrix} X_A \\ Y_A \\ Z_A \end{bmatrix} = \begin{bmatrix} X_S \\ Y_S \\ Z_S \end{bmatrix} + \boldsymbol{R} \begin{bmatrix} u_A \\ v_A \\ w_A \end{bmatrix} \qquad (4\text{-}1)$$

式中:$\boldsymbol{R}$ 为像片姿态角所组成的旋转矩阵。

　　由式(4-1)出发,可以列出天线相位中心 A 点由 GNSS 数据获得的大地坐标线性观测值误差方程式,将其与常规的光束法区域网空中三角测量的误差方程式联立,整体解求所有未知数。

　　随着 GNSS 技术、现代通信技术、空间技术和

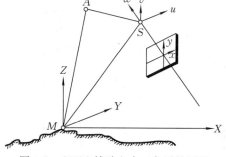

图 4-2　GNSS 辅助空中三角测量原理

网络技术的快速发展,以及大量 CORS 的建设和开通运营,基于 CORS 的网络 RTK 技术得到快速发展,这种 GNSS 辅助空中三角测量的方式越来越普遍。

(四)空中三角测量加密流程

空中三角测量加密流程如图 4-3 所示。

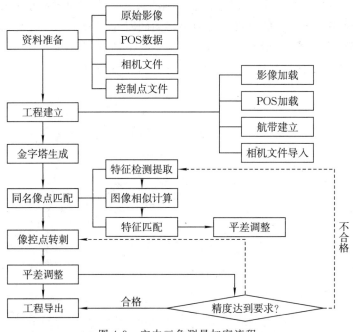

图 4-3　空中三角测量加密流程

(五)POS 数据处理

POS 数据记录无人机拍照瞬间的三维坐标和姿态数据,即经度、纬度、飞行高度、航向倾角、旁向倾角、像片旋角,需要将其原始数据处理成软件识别的格式。

(六)像片畸变纠正

航摄像片存在几何畸变和辐射畸变。由于几何畸变的存在,像点坐标偏离正确的位置,使用共线条件的原理通过像点解析地面坐标点明显是错误的,所以在进行数据解析计算前,需要进行几何畸变的纠正,才能利用基于共线条件的各类方法进行数据解算处理。

(七)数字影像内定向

数字影像的坐标系是扫描坐标系,摄影测量解析计算需要的是以像主点为原点的像平面坐标系中的像点坐标,此时需要确定扫描坐标系和像片坐标系之间的关系,将像点的像素坐标转换为其对应的像平面坐标,这个过程称为数字影像内定向,如图 4-4 所示。

内定向通常是利用像片周边已有的一系列框标点,构成一个仿射变换的模型(像点变换矩阵),把像素纠正到框标坐标系中。

数字影像是以扫描坐标系 $O-IJ$ 为准的,即像素的位置是由它所在的行号 I 和列号 J 来确定的,它与像片本身的像平面坐标系 $o-xy$ 是不一致的。一般来说,扫描坐标系的 I 轴和像平面坐标系的 x 轴应大致平行。 数字影像的变形主要是在影

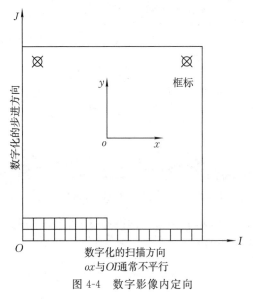

图 4-4　数字影像内定向

像数字化过程中产生的,主要是仿射变形(像点变换矩阵)。因此,扫描坐标系和像平面坐标系之间的关系可以用下述关系式来表示,即

$$
\left.\begin{array}{l}
x = (m_0 + m_1 I + m_2 J) \cdot \Delta \\
y = (n_0 + n_1 I + n_2 J) \cdot \Delta
\end{array}\right\} \tag{4-2}
$$

式中:Δ 是采样间隔(或称为像素的大小、扫描分辨率)。因此,内定向的本质是确定方程式(4-2)中的 6 个仿射变换系数。为了求解这些参数,必须观测 4(或 8)个框标的扫描坐标和已知框标的像片坐标,进行平差计算。

(八)相对定向

确定一张航摄像片在地面坐标系统中的方位,需要获得 6 个外方位元素,即摄站的 3 个坐标和确定摄影光束空间姿态的 3 个角元素。因此,确定 1 个立体像对的 2 张像片在该坐标系中的方位,需要 12 个元素,恢复立体像对中 2 张像片的 12 个元素即能恢复其绝对位置和姿态。在摄影测量的生产作业中,相对定向元素与像空间辅助坐标系的选择有关,对于不同的像空间辅助坐标系,相对定向元素可以有不同的选择。

由共面方程求得两像片之间的相对定向元素,包括 2 个线元素(不包含航向线元素)和 3 个角元素。一般采用解析法相对定向时,需要最少量测 6 对同名点像片坐标,用最小二乘法求出 5 个相对定向元素。由于立体像对左右摆放,所以同名光线投影在投影面上是否有上下视差(Y 轴)是检验是否完成相对定向的标志。

(九)绝对定向

相对定向后建立的立体模型是相对于摄影测量坐标系统的,地面坐标系中的方位是未知的,比例尺也是任意的。若想知道模型中某点相应的地面点的地面坐标,就必须对所建立的模型进行绝对定向,即确定模型在地面坐标系中的正确方位及比例尺因子。立体像对共有 12 个外方位元素,相对定向求得 5 个元素后,待求解的绝对定向元素应有 7 个。求解这 7 个元素的过程实质是将立体模型的坐标通过平移、旋转、缩放纳入测量坐标系。方程式如下

$$
\begin{bmatrix} X_T \\ Y_T \\ Z_T \end{bmatrix} = \lambda \cdot \boldsymbol{M} \begin{bmatrix} X \\ Y \\ Z \end{bmatrix} + \begin{bmatrix} X_0 \\ Y_0 \\ Z_0 \end{bmatrix} = \lambda \cdot \begin{bmatrix} a_1 & a_2 & a_3 \\ b_1 & b_2 & b_3 \\ c_1 & c_2 & c_3 \end{bmatrix} \begin{bmatrix} X \\ Y \\ Z \end{bmatrix} + \begin{bmatrix} X_0 \\ Y_0 \\ Z_0 \end{bmatrix} \tag{4-3}
$$

式中:$\boldsymbol{M}$ 为旋转矩阵,包含 3 个角元素 Φ、Ω、κ;X_0、Y_0、Z_0 为坐标平移参数;λ 为模型比例尺因子。

(十)光束法区域空中三角测量

空中三角测量按平差时所采用的数学模型,可分为航带法空中三角测量、独立模型法空中三角测量和光束法空中三角测量三类。航带法所解求的未知数少,计算方便、快速,但是不如光束法和独立模型法严密,因此主要用于为光束法提供初始值和低精度的坐标加密;独立模型法理论较严密,精度较高,未知数、计算量和计算速度也是介于光束法和航带法之间;光束法理论最为严密,加密成果的精度较高,但需要解求的未知数多,计算量大,计算速度较慢。当前高精度空中三角测量的加密普遍都是采用光束法区域空中三角测量方法。低空无人机影像常用的平差方法也属于传统的光束法平差手段。

光束法区域网平差是以一张像片组成的一束光线为平差的基本单元,是以中心投影的共线方程为平差的数学模型,以相邻片公共交会点坐标相等、控制点的内业坐标与已知的外业坐标相等为条件,列出控制点和加密点的误差方程式,进行全区域的统一平差计算,解求出每张

像片的外方位元素和加密点的地面坐标,如图 4-5 所示。

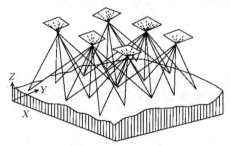

图 4-5　光束法区域网平差

光束法区域网平差的主要内容如下:

(1)确定各影像外方位元素和地面点坐标近似值。

(2)从每幅影像上的控制点和待定点的像点坐标出发,按每条光线的共线条件方程列出误差方程式。

(3)逐点法化建立改化法方程,按循环分块的方法求解其中的一类未知数,通常是先求得每幅影像的外方位元素。

(4)利用空间前方交会求得待定点的地面坐标,对于像片公共连接点取其均值作为最后成果。光束法区域网平差以像点坐标为观测值,理论严密,但对原始数据的系统误差十分敏感,只有在较好地预先消除像点坐标系统误差后,才能得到理想的加密成果。基于无人机拍摄的影像要消除畸变差的目的,消除影像上像点坐标的系统误差。

对于目前全自动处理的空三软件,一般是利用影像自动匹配出航向和旁向的同名像点,将全区域中各航带网纳入比例尺统一的坐标系统,拼成一个松散的区域网。确认每张像片的外方位元素和地面点坐标的粗略位置。然后根据外业的控制点,逐点建立误差方程式和改化法方程式,解求出每张像片的外方位元素和加密点的地面坐标。

四、任务实施

使用 DPGrid 软件以生产××市××镇××村 1∶2 000 数字正射影像图项目为例,介绍解析空中三角测量生产流程。

(一)资料准备

准备以下资料:

(1)航摄像片。

(2)相机文件,通过相机检校报告获得,包括焦距、传感器尺寸、像素大小、像幅等信息。

(3)POS 数据。

制作 POS 数据:单击"新建 EXCLE 工作表"→"文件"→"打开"选项,打开外业提交的数据文件 POS.csv。删除地面试拍数据,点号与影像名一一对应,整理结果如图 4-6 所示。

DSC00004.JPG	104.0121495	33.1823245	2089.021
DSC00005.JPG	104.0121604	33.1814903	2087.978
DSC00006.JPG	104.0121918	33.1806357	2088.191
DSC00007.JPG	104.0122128	33.1797792	2087.9
DSC00008.JPG	104.0122339	33.1789257	2090.727
DSC00009.JPG	104.0122552	33.1780468	2089.816
DSC00010.JPG	104.0122701	33.1772071	2090.251
DSC00011.JPG	104.0122856	33.1763377	2089.831
DSC00012.JPG	104.0123113	33.175476	2089.233
DSC00013.JPG	104.0123312	33.1746563	2089.478
DSC00014.JPG	104.0102388	33.173732	2090.501
DSC00015.JPG	104.0102477	33.1746306	2090.186
DSC00016.JPG	104.0102328	33.1754993	2091.017
DSC00017.JPG	104.0102188	33.1763128	2090.414
DSC00018.JPG	104.0101966	33.1772175	2090.234
DSC00019.JPG	104.0101732	33.178026	2090.204

图 4-6　整理后的 POS 数据

(二)新建工程

(1)双击鼠标,打开 DPGrid 软件,进入主界面,如图 4-7 所示。

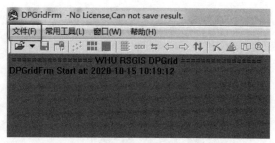

图 4-7　主界面

（2）单击"文件"→"新建"命令，如图 4-8 所示。

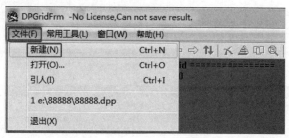

图 4-8　"新建工程"窗口

（3）单击工程路径后的"浏览"按钮，选择路径（如 D 盘），单击"新建文件夹"按钮，按要求命名文件（注意，不能是中文、空格等特殊符号），单击"确定"按钮，如图 4-9 所示。

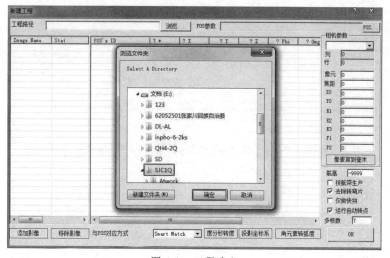

图 4-9　工程建立

（4）添加数据。

单击"Image Name"下的"添加影像"命令，弹出"Select Images"界面，选择航飞获取的原始影像文件夹，将影像数据全部选中，单击"打开"按钮，如图 4-10 所示。

加载 POS 数据，当 POS 文件是经纬度坐标时，创建工程后，每张影像的外方位元素坐标会转换为直角坐标。选择 POS 文件，单击"打开"按钮，如图 4-11 所示。

单击与"POS 对应方式"后的"投影坐标系"，弹出"椭球坐标系统设置"界面。根据提供的控制点坐标系信息，设置"椭球信息""投影系统""中央经线"栏目，单击"确定"按钮，如图 4-12 所示。

图 4-10 添加影像

图 4-11 加载 POS 数据

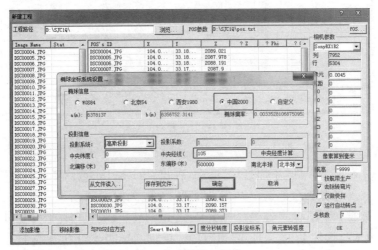

图 4-12 投影坐标系

（5）参数设置。

在"新建工程"界面，按照相机报告，输入像元、焦距、航高以及相关参数，将"新建工程"界面右下角航高改为实际航飞高度，勾选"去除转弯片"选项，单击"OK"按钮，软件开始处理运行，如图 4-13 所示。

图 4-13　参数设置

（6）金字塔生成。

在运行的过程中，系统将进行每张影像的预处理，包括建立每张影像的快视图、提取少量的 sift 点等，如图 4-14 所示。

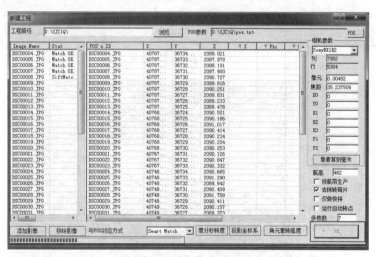

图 4-14　金字塔生成

（三）匹配同名像点

（1）单击菜单栏中的"定向生产"→"空中三角测量"→"匹配连接点"命令（或单击工具栏中的"匹配连接点"命令），如图 4-15 所示。

（2）进入 Extract TiePoints 界面，在此界面中勾选"粗略匹配""精细匹配""自动平差"选项，其他保持默认。单击"确认"按钮，将执行连点操作，如图 4-16 所示。

（3）运行完成后自动退出界面，弹出测区自由网创建界面，如图 4-17 所示。

图 4-15　匹配连接点

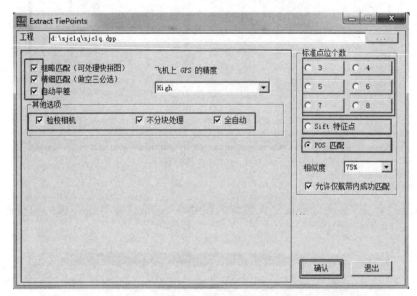

图 4-16　执行连点操作

图 4-17　测区自由网创建界面

（4）自由网创建结束后，单击"定向生产"→"平差与编辑"→"显示影像并显示连接点"命令,可查看连接点分布情况,如图 4-18 所示。

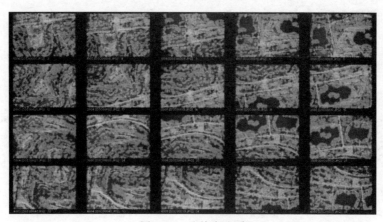

图 4-18 连接点查看

(四)像控点转刺

1. 像控点导入

1)制作像控点文件

ID 编号只支持数字,整理并制作像控点文件,格式如图 4-19 所示。

1005	407195.155	3672945.653	1638.278
1001	407129.335	3673283.172	1633.317
10010	407412.259	3672548.001	1633.279
10011	407655.579	3672542.329	1640.424
10012	407847.528	3672576.098	1638.921
1002	407360.419	3673281.067	1645.123
1003	407557.301	3673322.709	1675.735
1004	407798.908	3673331.941	1684.937
1006	407358.512	3672931.392	1654.248
1007	407641.100	3672902.295	1642.248
1008	407848.593	3672949.105	1640.135
1009	407146.344	3672529.322	1630.185

图 4-19 像控点格式

2)导入像控点文件

单击"文件"→"地面控制点"命令,如图 4-20 所示。

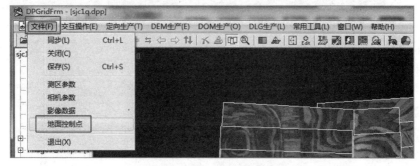

图 4-20 导入地面控制点

弹出"地面控制点参数"对话框,单击"引入"按钮,选择提供的像控点文件,单击"打开"按钮,单击"保存"按钮,如图 4-21 所示。

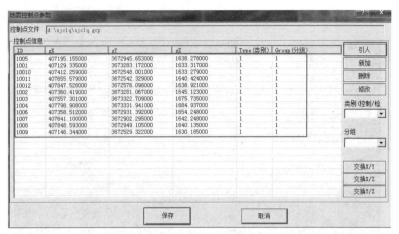

图 4-21　"地面控制点参数"对话框

导入控制点,需查看控制点的分布情况,如图 4-22 所示。

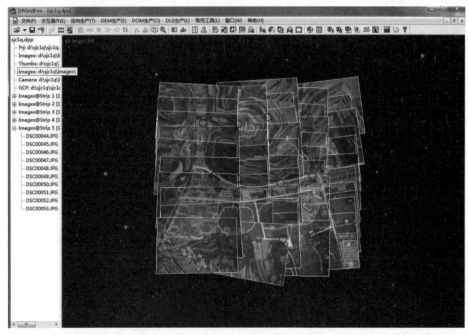

图 4-22　控制点分布

2. 像控点转刺

(1)像控点点位必须按照像控点点位信息表准确刺入。

(2)单击菜单栏中的"定向生产"→"空中三角测量"→"平差与编辑"命令(或单击工具栏中的"平差与编辑"命令),如图 4-23 所示。

(3)进入 TMAtEdit 界面,单击工具栏中的"匹配加连接点"命令,如图 4-24 所示。

(4)根据提供的控制点信息,在图上用鼠标双击控制点附近位置,弹出"精调窗"界面,若不可见控制点点位,可单击菜单中的像点,选择"点位再选择"命令(或单击工具栏中的"点位再选择"命令)。精细调整控制点点位,确认控制点点号无误,单击"保存"按钮,如图 4-25～图 4-27 所示。

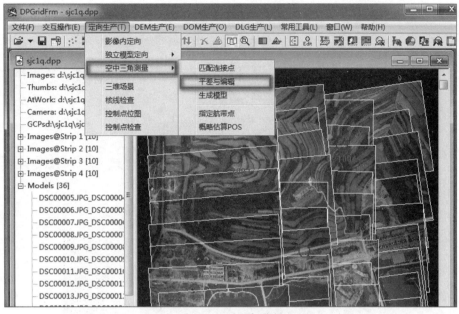

图 4-23　平差与编辑

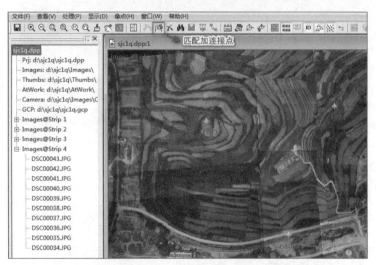

图 4-24　匹配加连接点

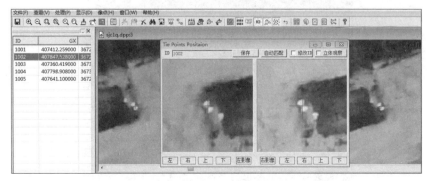

图 4-25　刺点

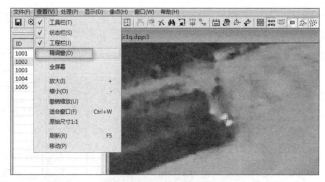

图 4-26　调用精调窗

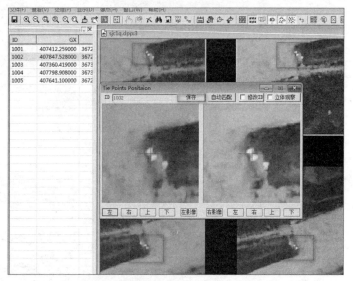

图 4-27　转点完成

(5)转刺完控制点后,显示情况如图 4-28 所示。

图 4-28　像控点显示

(五)区域网平差

(1)单击菜单栏中的"处理"→"平差方式",选择"控制点＋POS 平差"和"平差软件 iBundle"命令,如图 4-29 所示。

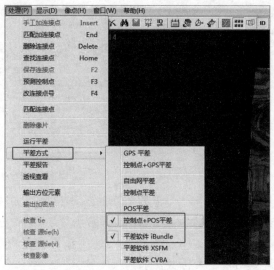

图 4-29　选择平差方式

(2)单击"处理"→"运行平差"命令(或单击工具栏中的"运行平差"命令),弹出 Adjust Frame CameraV2.0 界面,如图 4-30 所示。

(3)单击"设置"选项,弹出 Bundle Adjustment Setup 界面。修改控制点精度、GPS 精度(当有 GPS 时,需设置 GPS 精度),勾选"天线分量""航带漂移""线性漂移"选项,其他保持默认,单击"确定"按钮,如图 4-31 所示。

图 4-30　调用平差界面

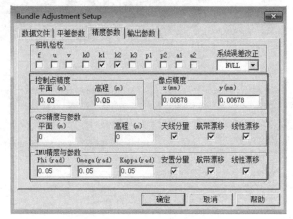

图 4-31　精度参数设置

（4）单击"平差"按钮，开始平差，如图 4-32 所示。

（5）平差完成后，单击"退出"按钮，如图 4-33 所示。

图 4-32　平差

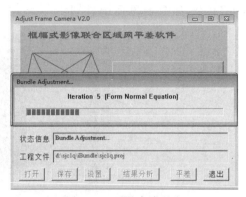

图 4-33　平差完成退出

（6）平差报告查看。单击"处理"→"平差报告"命令，弹出界面如图 4-34 所示。若控制点精度超限，可重新调整或添加。对照《数字航空摄影测量　空中三角测量规范》（GB/T 23236—2009）和《1：500、1：1 000、1：2 000 地形图航空摄影测量内业规范》（GB/T 7930—2008）等规范，检查平差解算结果是否符合要求。

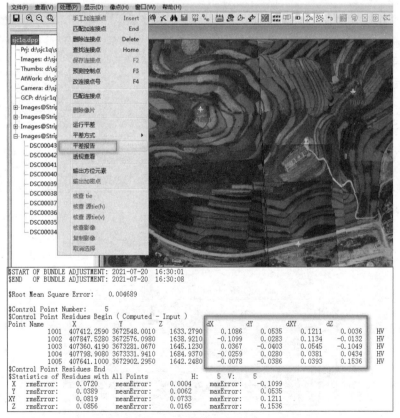

图 4-34　平差报告查看

（7）另存精度报告。确认无误后另存该报告，并进行重命名，如图 4-35、图 4-36 所示。

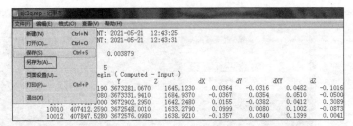

图 4-35 另存报告

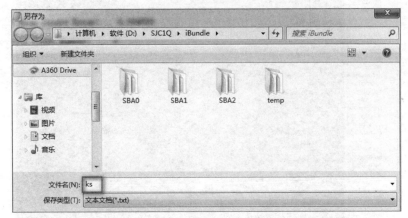

图 4-36 平差报告文件重命名

(六)输出方位元素

单击"处理"→"输出方位元素"（或单击工具栏中"输出方位元素"命令）→"是"命令，弹出"成功导出平差成果"对话框，单击"确定"按钮，关闭 TMAtEdit 界面，如图 4-37 所示。

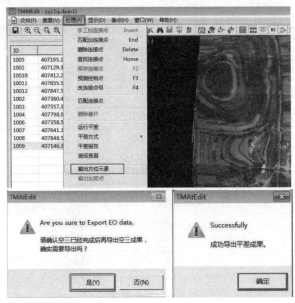

图 4-37 输出方位元素

(七)新建模型

单击"定向生产"→"空中三角测量"→"生成模型"命令，如图 4-38 所示。

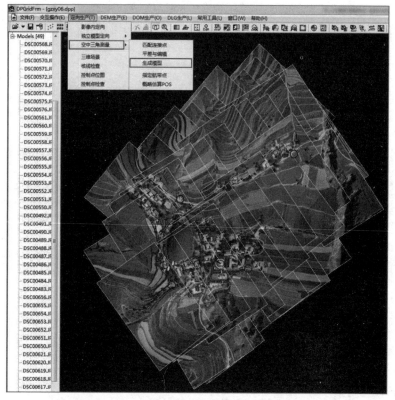

图 4-38　生成模型

　　弹出"立体模型参数"界面,勾选"航带优先"选项,并单击"自动产生"→"确认"按钮,生成模型,如图 4-39 所示。

 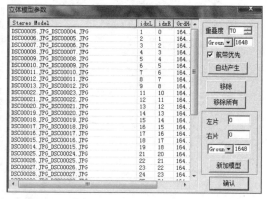

图 4-39　新建模型

五、思考题

1. 解析空中三角测量与共线方程之间有什么联系?
2. 简述解析空中三角测量在 DPGrid 中的操作过程。

任务二　解析空中三角测量成果质量检查

一、任务描述

解析空中三角测量是摄影测量内业数据生产的关键环节,空三的精度决定了 4D 产品的精度。因此,必须对空三成果的精度进行质检,只有符合限差才可以开展后续生产。本节要求学生掌握空中三角测量成果检验的基本要求、工作流程、检验内容及方法、质量评定、编制报告和资料整理。

二、教学目标

(1)掌握空中三角测量成果检验的基本要求。
(2)会用质检软件进行精度查验。
(3)会分析空三成果的精度。

三、知识准备

(一)空三成果质量检查工作流程

空三成果质量检查的工作流程见图 4-40,包括检验前准备、样本资料提取、成果检验、质量评定、报告编制和资料整理等内容。

具体内容如下:

(1)检验前应收集项目技术设计书、相关技术资料及标准,核查最终检查完成情况,明确检查内容及方法,准备检验物资,制订工作计划。必要时可根据需要编制检验方案并组织培训。

(2)提取全部成果资料及数据。

(3)对区域网成果进行详查。

(4)进行质量评定、报告编制、资料整理。

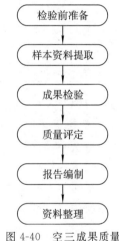

图 4-40　空三成果质量
检查工作流程

(二)检查内容

空中三角测量成果检验内容如表 4-1 所示。

表 4-1　空中三角测量成果检验内容

质量元素	质量子元素	检验内容	
数据质量	数学基础	大地坐标系、高程基准、地图投影等	
	平面位置精度和高程精度	像控点精度符合性	
		基本定向点残差符合性	
		多余控制点不符值符合性	
		连接点平面位置、高程中误差符合性	
	接边精度	区域网间公共点较差符合性	
		公共点使用值符合性	
	计算质量	内定向	框标坐标计算方法确定性
			焦距改正正确性、完整性

续表

质量元素	质量子元素	检验内容	
数据质量	计算质量	相对定向	像点测量准确性
			连接点上下视差中误差、上下视差最大残差符合性
		绝对定向	区域网划分合理性
			控制点转刺正确性
			粗差点数量符合性
			利用 GNSS 辅助空三的摄站点坐标和外方位元素的正确性
			大面积水面高程处理的合理性
布点质量		像控点布设符合性	
		每个像对连接点数量符合性	
		标准点位连接点布设符合性	
		连接点处影像重叠符合性	
		连接点与像片边缘关系合理性	
		自由图边连接点布设合理性	
		航线间连接点布设合理性	
		连接点分布合理性及编号符合性	
附件质量		成果资料完整性	
		数据格式和存储组织的符合性,资料装帧的规整性	
		记录手簿和检查记录的正确性、齐全性	

(三)检查方法

1. 数据质量

1)数学基础

检查像控资料,分析对比录入数据与原始资料数学基础的一致性。

2)平面位置精度和高程精度

平面位置精度和高程精度按以下方式检查:

(1)核查像控资料,分析控制点、多余控制点(检查点)精度符合性。

(2)核查区域网平差报告或进行比对计算,分析基本定向点残差、检查点不符值的正确性。

(3)利用实地采集的检查点数据或高精度成果数据中内业采集的检查点数据计算检查点平面、高程不符值,并计算平面位置和高程中误差,即连接点平面位置和高程中误差,分析其是否符合相关规定。

3)接边精度

接边精度按以下方式检查:

(1)核查平差报告,比对相邻区域网间公共点的较差,分析公共点较差、中误差是否符合相关规定。

(2)核查连接点成果表,分析公共点使用值是否符合相关规定。

4)计算质量

(1)内定向。内定向符合性按以下方式检查:①核查内定向软件的参数设置,分析相机参数、分辨率等录入是否正确和齐全;②利用内定向软件,核查框标位置是否正确;③核查内定向报告,核查框标坐标残差符合性。

（2）相对定向。相对定向符合性按以下方式检查：①利用设备核查像控点测量是否准确，同时核查一定数量连接点量测情况；②核查相对定向报告，分析连接点上下视差中误差；③核查上下视差是否超限；④核查模型连接平面位置、高程较差，分析是否超限。

（3）绝对定向。绝对定向符合性按以下方式检查：①分析区域网内航摄分区、像控点分布、地形条件等情况，核查区域网划分是否合理；②核查像控点成果录入及转刺的正确性；③核查平差结果，分析是否存在粗差点；④对于 GNSS（IMU/GNSS）辅助空三测量，核查摄站点坐标和外方位元素使用的正确性，核查 GNSS 天线分量和 IMU 偏心角系统改正值是否正确；⑤在较大江河湖泊水网地段，核查水位控制定向点的赋值；利用量测设备核查平差后成果，分析水位点加减正数的合理性。

2．布点质量

布点质量按以下方式检查：

（1）将像控点展绘在像片接合图上，核查像控点布设是否符合相关规定。

（2）核查每个像对的连接点是否符合相关规定。

（3）分析相对定向成果，核查标准点位连接点的布设情况，核查连接点处影像的重叠度情况，核查连接点与像片边缘关系的合理性，核查自由图边连接点的布设情况，核查航线间连接点的布设情况等。

（4）核查连接点分布是否有原则性错误，检查编号是否符合技术设计要求。

3．附件质量

附件质量按以下方式检查：

（1）按照生产任务（合同书）、技术设计书核查上交成果资料的完整性。

（2）核查成果数据格式和存储组织的符合性，资料装帧的规整性。

（3）核查记录手簿和检查记录的正确性、齐全性。

（4）编制报告。检查报告的内容和格式可参阅规范《测绘成果质量检查与验收》（GB/T 24356—2009）执行。

（5）资料整理。整理检验（查）报告，检查原始记录、检测数据等资料，按规定进行管理。

四、任务实施

以使用 DPGrid 软件利用控制点检测××市××镇××村 1∶2 000 正射影像精度为例，介绍利用控制点检测正射成果精度的操作步骤。

（1）单击"常用工具"/"定向生产"→"控制点检查"命令，弹出界面如图 4-41 所示。

（2）单击"文件"→"新建"命令，如图 4-42 所示。

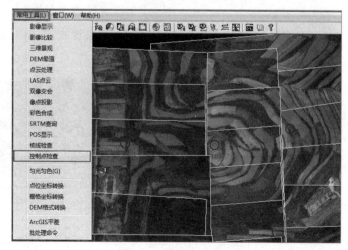

图 4-41　控制点检查

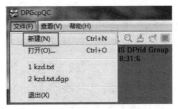

图 4-42　新建文件

（3）单击"打开"命令，选择检查点文件，再单击"打开"按钮，如图 4-43 所示。

图 4-43　导入检查点文件

（4）在左侧空白处右键单击"测区"选项，选择空三工程，单击"打开"按钮，如图 4-44 所示。

图 4-44　空三工程读入

（5）立体像对和检查点导入完成后，双击检查点，打开相对应的像对，开始进行精度检测，依次检测完所有检查点，如图 4-45 所示。

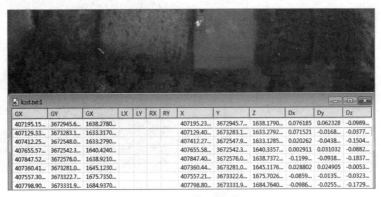

图 4-45　精度检测

（6）采集完所有检查点后，单击"另存为"按钮，输入文件名，单击"保存"按钮，输出精度检测报告，如图 4-46 所示。

图 4-46 精度检测报告输出

（7）利用控制点检查得到相应影像图成果的 X、Y、H 分项精度，如图 4-47 所示。

GcpReport.txt - 记事本									
文件(F) 编辑(E) 格式(O) 查看(V) 帮助(H)									
9									
6601	524737.681000	3540510.956000	46.810000	524737.380171	3540511.134903	45.595672	-0.300829	0.178903	-1.214328
6602	524866.970000	3540508.148000	45.486000	524866.899735	3540508.064494	45.642850	-0.070265	-0.083506	0.156850
6603	524999.117100	3540522.027000	44.122000	524999.246641	3540522.045843	44.119593	0.129541	0.018843	-0.002407
6604	525027.646000	3540701.533000	43.196000	525027.290090	3540701.456901	42.808068	-0.355910	-0.076099	-0.387932
6605	524863.797000	3540719.155000	44.267000	524863.875090	3540719.037805	44.454254	0.078090	-0.117195	0.187254
6606	524727.008000	3540714.904000	45.919000	524727.241182	3540715.119141	44.607780	0.233182	0.215141	-1.311220
6607	524683.379000	3541020.470000	45.829000	524685.068988	3541019.580985	31.434631	1.689988	-0.889015	-14.394369
6608	524836.428000	3541025.143000	43.444000	524837.326549	3541023.606678	31.860471	0.898549	-1.536322	-11.583529
6609	524991.459600	3541037.668000	41.609000	524991.236824	3541035.545642	28.737280	-0.222776	-2.122358	-12.871720

图 4-47 精度报告分析

五、思考题

1. 简述解析空中三角测量成果质量检查的工作流程。

2. 解析空中三角测量成果检查的主要内容有哪些？

3. 简述解析空中三角测量的检查方法。

4. 请利用 DPGrid 软件，利用已有控制点，完成空三成果精度检查。

项目五 数字高程模型

数字高程模型（DEM）是描述地表形态的一种数字化地面模型，它是国家基础地理信息4D产品之一，也是其他数字化产品直接或者间接的数据来源。DEM作为基础地理信息数据，近年来被广泛应用于测绘、水文、地质、建设、军事等多个行业领域。可以通过GNSS，利用三维激光扫描仪、全站仪、合成孔径雷达干涉技术等进行DEM数据采集，也可以从航空影像、遥感影像上获取大范围的DEM数据，以及利用数字摄影测量的方法获取高精度、大范围的DEM数据。DEM的表面建模就是把地球表面某一区域复杂的地形起伏变化通过某种计算方法用一个曲面进行模拟，能够尽可能逼近地表形态。在DEM数据生产、转换、应用等过程中都会产生数据质量问题，DEM在描述地表形态时不可能完全达到真实值，只能在一定程度上接近于真实值。目前，对DEM数据进行质量检查和控制已经成为地理信息数据生产过程中的一个重要环节，DEM数据的质量状况直接影响着数据使用的准确性和可靠性，直接影响国民经济和国防建设。

任务一 数字高程模型生产

一、任务描述

数字高程模型的生产方式主要有两种，即基于软件的自动化生产和基于高精度DLG中地形要素的精细化生产。前一种方法速度快，通常得到的是DSM，要得到真正意义上只表达地面高程起伏的DEM，还需要对自动化生成的成果做人工编辑，去掉植被、建筑物等要素。后一种方法精度高，但生产周期较第一种方法长。本节将重点介绍数字高程模型的相关理论知识、自动化生产与编辑输出。

二、教学目标

(1)掌握数字高程模型的基本理论知识。
(2)学会在Double Grid软件下自动化生产数字高程模型。
(3)会对数字高程模型进行编辑、格式转换和裁切。

三、知识准备

(一)数字高程模型的定义

数字高程模型是国家基础空间数据的重要组成部分，它表示地表区域上地形三维向量的有限序列，即地表单元上高程的集合，数学表达为：$z=f(x,y)$。区域D上地形的三维向量有限序列表示为$\{V_i=(X_i,Y_i,Z_i),i=1,2,\cdots,n\}$，其中$(X_i,Y_i)\in D$是平面坐标，$Z_i$是$(X_i,Y_i)$对应的高程。DEM是数字地面模型（DTM）的一个子集，是对地球表面地形地貌的一种离散的数字表达，是DTM的地形分量。

(二)DEM 数据结构

根据数字地面模型的类型不同,可将 DEM 数据结构分为规则格网模型数据结构、不规则三角网(triangular irregular network,TIN)模型数据结构、混合模型数据结构。

1.规则格网模型数据结构

规则格网模型数据结构将区域划分成格网,记录每个格网的高程。这种 DEM 的优点是计算机处理以栅格为基础的矩阵很方便,使高程矩阵成为最常见的 DEM;缺点是在平坦地区出现大量数据冗余,若不改变格网大小,就不能适应不同的地形条件。

2.不规则三角网模型数据结构

不规则三角网(TIN)是按一定的规则将离散点连接成覆盖整个区域且互不重叠、结构最佳的三角形,实际上是建立离散点之间的空间关系,如图 5-1 所示。与规则格网模型数据结构相比较,TIN 模型的数据结构较为复杂,它不仅要存储每个点的三维坐标 (X_i,Y_i,Z_i),还要记录所连接的三角网的信息和三角形的拓扑信息。

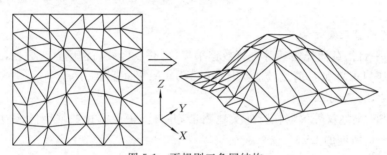

图 5-1　不规则三角网结构

3.混合模型数据结构

规则格网和不规则格网各有优缺点,实际应用中,在大范围内一般采用规则格网附加地形特征数据(如地形特征线、山脊线、山谷线等)来构成全局高效、局部完美的 DEM。

(三)DEM 表示方法

1.数学方法

用数学方法对表面进行拟合,主要是利用连续的三维函数(如傅里叶级数、高次多项式)以高程平滑度模拟曲面。但对于较复杂的表面,进行整体拟合是不可行的,所以通常采用局部拟合法。局部拟合法是将复杂表面分解成正方形像元或面积大致相等的不规则形状的小块,用三维函数对每一小块进行拟合。然后再根据有限个离散点的高程,内插得到 DEM 数据。

2.图形法

1)等高线模式

等高线通常被存储成一个有序的坐标点序列,可以认为是一条带有高程值属性的简单多边形或多边形弧段。由于等高线模型只表达了区域的部分高程值,往往需要一种插值方法来计算落在等高线以外的其他点的高程,又因为这些点落在两条等高线包围的区域内,所以通常只需使用外包的两条等高线的高程进行插值。

2)点模式

点模式表示有人工格网法、立体像对分析和不规则离散采样点三种方式。

(1)人工格网法。将地形图蒙上格网,逐格读取中心或角点的高程值,构成数字高程模型。由于计算机中矩阵的处理比较方便,特别是以格网为基础的地理信息系统中高程矩阵已成为

DEM 最通用的形式。

（2）立体像对分析。通过遥感立体像对，根据视差模型，自动匹配左右影像的同名点，建立数字高程模型。

（3）不规则离散采样点。可以按两种方法产生高程矩阵：①将规则格网覆盖在这些数据点的分布图上，然后用内插技术产生高程矩阵；②把离散采样点作为点模式中不规则三角网系统的基础。

（四）DEM 数据采集方法

1. 地形图数据采集方法

从已有地形图上采集 DEM 数据，是对地形图要素进行数字化处理，然后再用某种数据建模方法内插 DEM。

2. 摄影测量数据采集方法

摄影测量数字高程模型获取是基于解析空中三角测量获取的大量加密点来内插出区域 DEM。

3. 空间传感器采集方法

无人机等平台搭载激光雷达等进行数据采集，可获取区域高密度点云数据，经过后期处理获取区域高精度 DEM 是目前比较成熟且高效的 DEM 数据采集方案。

4. 野外实测采集方法

利用 GNSS、全站仪等仪器在野外实地测量，并自动记录测量数据，对这些数据进行内插处理，可生成一定精度的 DEM。

（五）DEM 的编辑

利用专业软件对影像进行密集点匹配得到 DSM，然后通过对 DSM 编辑得到 DEM。DEM 的编辑是通过人工干预编辑 DSM 中的非地面点。对照立体像对及等值线，检查 DEM 数据是否与地面在同一高度，若不在可通过平滑、匹配点内插、量测点内插、三角内插、导入外部矢量数据内插等方法对其进行修正，直到所有高程点在正确的高程位置。

（六）元数据

元数据是描述数据的内容、质量、状况和其他特征的数据，是用来帮助人们定位和理解数据，实现空间数据共享的重要依据。

元数据的内容包括基本表示信息、质量信息、数据组织信息、空间参考信息、实体与属性信息、发行信息、元数据参考信息等。

（七）DEM 的存储

DEM 数据需以一定的结构和格式存储起来，以便于各种应用。通常以图幅为单位建立文件，其内容包括文件头和数据主体两部分。其中文件头存放有关的基础信息，包括起点（图廓的左下角点）平面坐标、格网间隔、数据记录格式等。DEM 数据主体为各格网点的高程，对小范围的 DEM，可记录一点的高程或一行的高程数据，但对于较大范围的 DEM，其数据量较大，需采取数据压缩的方法存储数据；除了格网点高程数据外，文件中还应存储该地区的地形特征线、特征点的数据，它们可以以向量方式存储，也可以以栅格方式存储。

四、任务实施

使用 Double Grid 软件将空三加密资料作为基础数据，以生产××市××镇××村

1∶1 000 数字正射影像图项目为例,介绍数字高程模型的制作流程。

(一)资料准备

制作 DEM 数据需准备无人机航空摄影像片、POS 数据、像控点成果、空三加密成果、相机报告、已有的数字矢量地图。

(二)DEM 的采集(交互式数字摄影测量方法)

在 Double Grid 软件中生产 DEM,需要测区已经完成空三平差,并且精度符合限差要求,在此基础上进行密集匹配自动生产数字表面模型(DSM),对 DSM 在立体模式下进行精细化编辑、拼接、裁切、格式转换、精度检查等操作,最后输出标准的 DEM 数据成果。DEM 生产流程如图 5-2 所示。

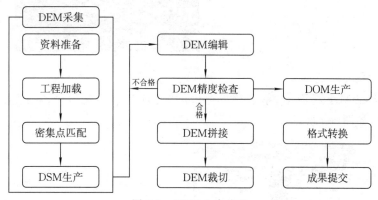

图 5-2　DEM 生产流程

1. 导入空三工程

双击鼠标,打开 Double Grid 软件,在弹出的主界面上单击菜单栏中的"文件"→"打开"命令,选择空三加密工程.dpp 文件,打开即可,如图 5-3 所示。

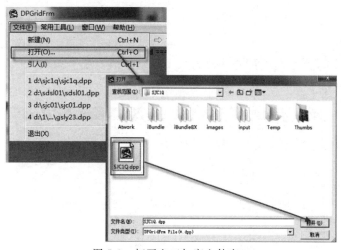

图 5-3　打开空三加密文件窗口

2. 密集点匹配

(1)单击菜单栏中的"DEM 生产"→"密集匹配"命令,弹出 DPDemMch 界面,如图 5-4 所示。

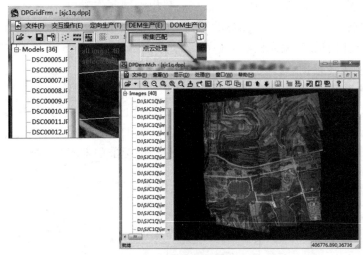

图 5-4　打开密集匹配窗口

（2）在 DPDemMch 界面中，单击菜单栏中的"处理"→"匹配整个测区"命令，弹出 DEM Matching 界面，如图 5-5 所示。

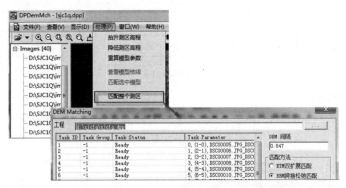

图 5-5　匹配窗口

（3）设置 DEM 间隔为 1，匹配方式改为"ETM 双扩展匹配"，单击"OK"按钮，直至运行完毕后 DEM Matching 界面自动关闭，如图 5-6 所示。

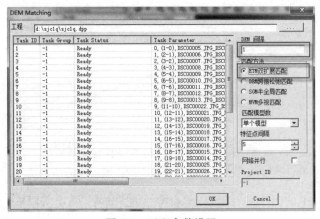

图 5-6　匹配参数设置

3. DSM 采集

(1)单击菜单栏中的"处理"→"编辑匹配点云"命令,在弹出的 DPFilter 界面中,单击菜单栏中的"处理"→"点云生成 DEM"命令,在弹出的窗口中设置相关参数后,单击"确定"按钮,如图 5-7 所示。选择 DEM 文件存储目录;将 X、Y 间隔设置为 1;算法选择"三角网算法";其余选项默认即可。

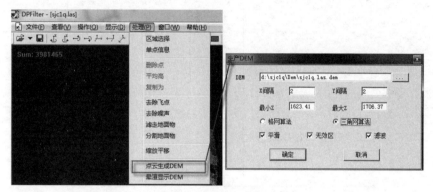

图 5-7　DSM 生产窗口

(2)在弹出的对话框中选择"否",关闭 DPFilter 界面,回到主界面,如图 5-8 所示。

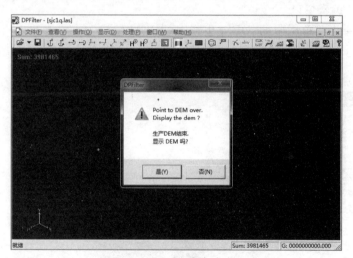

图 5-8　DSM 生产完成窗口

(三)DEM 的编辑

通过软件自动化处理,生成的成果是 DSM。对空旷地区而言 DSM 和 DEM 数据是基本一致的,但当地表分布有建筑物、树林等目标时,匹配得到的是这些物体的表面点,而不是地面点。此时就需要对 DSM 进行编辑,将地物高程点修改至地面,生成 DEM。

1. 任务区划分

在实际生产过程中,因数据量较大或范围限制,为提高工作效率,避免漏编或重复编辑等情况,方便后期数据的接边工作,应在作业前做好任务区的划分。任务区的划分可以依据范围线的格式,选择在不同软件中进行。

说明:划分任务区时,应留有公共边部分,如图 5-9 所示(以 ArcGIS 软件为例,其中"·"为相机曝光时的位置)。

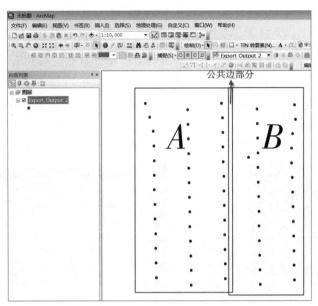

图 5-9　任务区的划分

2. DEM 的编辑

1)打开 DEM 编辑窗口

在主界面中单击菜单栏中的"DEM 生产"→"DEM 编辑"命令,弹出 DPDemEdt 界面,如图 5-10 所示。

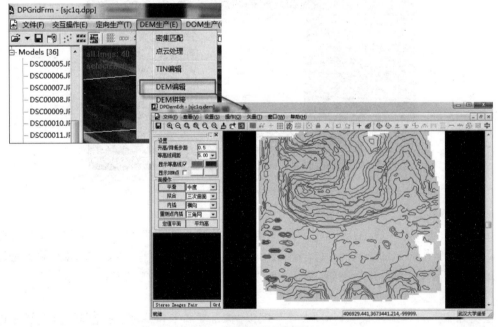

图 5-10　打开 DEM 编辑窗口

2)加载立体像对

在界面左下角 Stereo Images Pair 列表空白处,右键单击选择"测区"选项。在弹出的页面,选择工程路径下.dpp 格式文件,单击"打开"按钮,即可完成立体像对的加载,如图 5-11 所示。

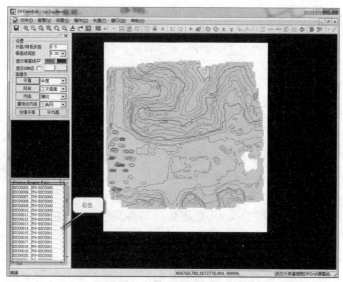

图 5-11　加载立体像对窗口

3)打开立体像对窗口

双击一组像对,即可激活立体像对和 DEM 窗口,如图 5-12 所示。

图 5-12　打开立体像对窗口

4)DEM 编辑

(1)软件编辑命令介绍见表 5-1。

表 5-1　编辑命令介绍

命令名称	命令介绍
选择区域(快捷键 D)	用于选择所要编辑的格网点,有框选和多边形选择两种方式
取消选择(快捷键 A)	取消选择的格网点
升高/降低	根据设置的升高/降低步距,升高/降低所选择的格网点高度
平滑(快捷键 S)	对选中区域的 DEM 做平滑处理,使之过渡自然
X 方向内插(快捷键 X)	以所选区域 X 方向的格网点为基准,内插内部的格网点

命令名称	命令介绍
Y 方向内插(快捷键 V)	以所选区域 Y 方向的格网点为基准,内插内部的格网点
量测点内插(快捷键 F)	以量测的高程点为基点,内插所选范围内 DEM 的高程
定值平面	给所选范围赋予指定的高程值
平均高(快捷键 Z)	对选定区域赋予平均高程值

(2)平地编辑。

对于坡度小于 2°的地形,可以认为它的面为一个水平面,其格网点高程的设定,一般可采用统一赋定值的方法对其进行编辑。可通过"定值平面"或"平均高"命令进行编辑。具体编辑步骤为:用"选择区域"命令,在立体模型下采集编辑区域后,量取其平面的高程,单击"定值平面"命令,在弹出的对话框中输入量取的高程,系统则自动将高程值赋值给选区内的格网点;或者使用"平均高"命令,然后使用"升高/降低"命令来调整高程切准地面,如图 5-13 所示。

(3)丘陵地、山地、高山地的编辑。

对于地形发生明显变化、高程变化较为明显的区域,可使用内插对其进行编辑,内插又分为量测点内插、匹配点内插。

量测点内插是以量测的高程为基点,在选区范围内用所量测的范围线结点的高程对范围内的 DEM 点重新进行计算。根据量测点的采集方式的不同,可分为线量测和面量测两种方式。

线量测是采集一条线,系统根据所量测线的结点高程,重新计算线两侧范围内格网的高程。以编辑道路为例讲解线量测的具体操作步骤:单击工具栏中的 命令,在立体窗口中,用鼠标左键沿道路中心线量测一条线(量测线时要切准地面),然后右键单击结束,程序将自动对该处做内插处理。

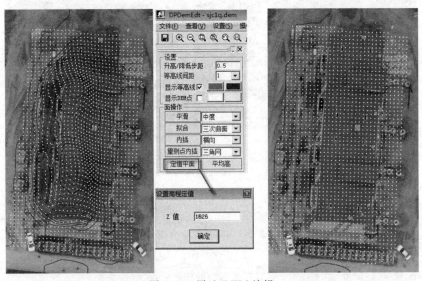

图 5-13　平地 DEM 编辑

面量测是采集范围后,系统根据采集时所量测结点的高程对所选范围格网点的高程进行重新内插。具体操作步骤为:使用"选择区域"命令,选择需要编辑 DEM 的范围;然后单击左侧窗口中的"量测点内插"命令,在范围内任意添加量测点(至少需要量测 4 个点);右键单击结束,系统将自动对 DEM 格网点进行处理,如图 5-14 所示。

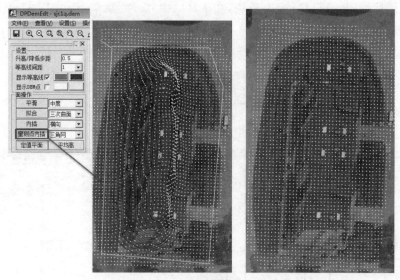

图 5-14　面量测操作

　　对于局部区域匹配质量不符合要求、周围区域匹配点正确的情况,可使用匹配点内插的方式对其进行编辑,如独立建构筑物、树木等。具体的编辑步骤为:使用"选择区域"命令,选择需要编辑 DEM 的范围,然后单击左侧窗口中的"内插"命令,设置内插方式为 X 方向内插(横向)、Y 方向内插(纵向),程序将自动对选定区域进行内插处理,如图 5-15 所示。

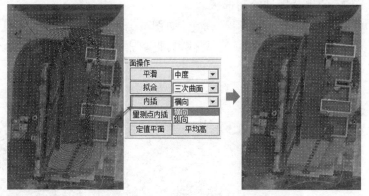

图 5-15　匹配点内插操作

　　任务区域所有 DEM 编辑完成后,单击菜单栏中的"文件"→"保存"→"退出"命令,即可完成 DEM 的保存。

　　(四)DEM 接边

　　1. 编辑过程中相邻立体像对之间的接边

　　在编辑过程中,相邻立体像对之间的接边是在编辑之前,打开本立体模型周围相邻的立体模型,在立体模型下找出相邻模型之间高差变化小的地方作为本立体模型的编辑范围。以此类推,完成编辑过程中相邻立体像对之间的接边,保证数据的连续性,如图 5-16 所示。

　　2. 编辑完成后相邻作业区之间的接边

　　编辑完成后,相邻作业区之间的接边需要借助于 MapMatrix 软件下的 DEMMatrix 模块

完成,具体步骤如下:

(1)双击鼠标,打开 DEMMatrix 模块,在工具栏中"文件"菜单下,单击"打开 DEM"命令,打开需要接边的 DEM 文件。之后,选择 DEM 文件,右键单击"平面编辑"命令,打开平面编辑窗口,在工具栏中"显示"菜单下,单击"设置参考 DEM"命令,如图 5-17 所示。

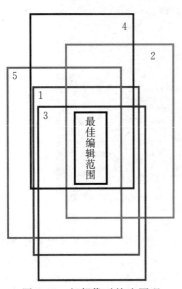

图 5-16 相邻像对接边原理　　　　　　　图 5-17 设置参考 DEM

(2)在两个 DEM 的重叠区域绘制选区。

(3)单击"DEM 编辑"→"导入高程"命令,如图 5-18 所示,可参考 DEM 的高程修改本 DEM 的高程。完成接边后,选择本 DEM 文件,右键单击选择"导出 DEM"命令,导出接边完成的 DEM 文件。

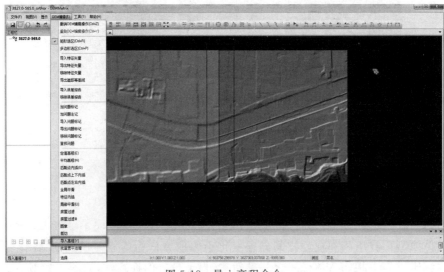

图 5-18 导入高程命令

说明:模型接边重叠带内同名格网点的高程,不得大于 2 倍中误差。

(五)DEM 拼接

1. 打开 DEM 拼接窗口

在主界面中单击菜单栏中的"DEM 生产"→"DEM 拼接"命令,弹出 DPDemMzx 界面;在此窗口中单击"文件"→"新建"命令,如图 5-19 所示。

图 5-19　DEM 拼接窗口

2. 添加 DEM 文件

在 DPDemMzx 界面中单击"文件"→"添加 DEM"命令,在弹出的界面中,找到需要拼接的.dem 文件,打开即可,如图 5-20 所示。

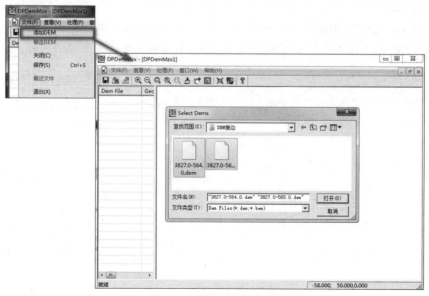

图 5-20　添加 DEM 文件

3. DEM 拼接

在 DPDemMzx 界面中单击"处理"→"执行拼接"命令,在弹出的界面中,设置 DEM 的存储路径后,单击"确定"按钮,等待运行完成即可,如图 5-21 所示。

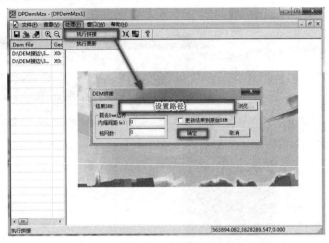

图 5-21　参数设置

(六)DEM 裁切

一般情况下,DEM 的提交格式为标准分幅,需要对 DEM 进行裁切操作。按照相关规定或技术要求规定的起止格网点坐标对 DEM 进行裁切,在裁切过程中依据规范要求,图幅应向四边扩展图上约 10 mm。DEM 的裁切可通过多款软件来实现,如 ArcGIS、MapMatrix、PixelGrid 等软件。下面以 MapMatrix 为例,对 DEM 的裁切方法进行说明。

(1)在 CASS 软件下,依据范围线和相应比例尺生成 50 cm×50 cm 的标幅框,格式为.dxf(注:标幅框.dxf 文件和 DEM 数据应为同一坐标系)。

(2)启动 MapMatrix 软件,单击工具"裁切 DEM/DOM"命令,在 DEMX 对话框中,单击"文件",打开.dem 文件,弹出窗口如图 5-22 所示。边框表示数据的边界范围,左下的数值表示左下角的坐标,右上的数值表示右上角的坐标,中间的文字代表影像的名称。

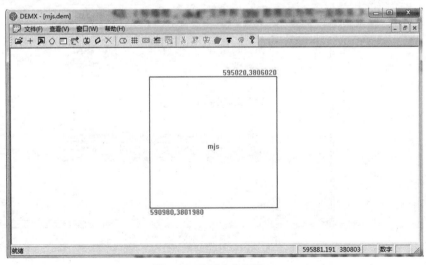

图 5-22　DEM 裁切窗口

（3）在此窗口下单击"导入标幅"命令 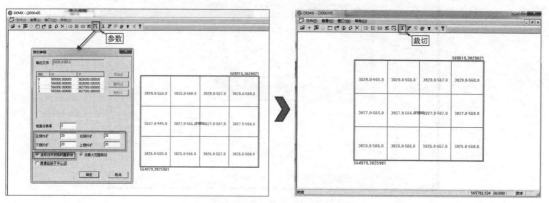框，导入标幅框。

（4）用鼠标框选所有标幅（选中标幅显示为橘黄色），设置相关参数后单击"裁切"命令，如图 5-23 所示，完成 DEM 的裁切（裁切后的标幅和原始 .dem 文件在同一个文件夹下）。

图 5-23　相关参数设置及裁切窗口

（七）DEM 格式转换

（1）单击 DPGridFrm 界面菜单栏"常用工具"→"DEM 格式转换"命令，弹出 DPDemCvt 界面，如图 5-24 所示。

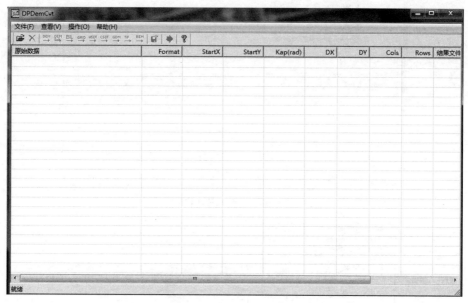

图 5-24　DPDemCvt 窗口

（2）单击"文件"→"添加"命令，在弹出的界面中选择要转换的 DEM 文件后，单击"打开"按钮，如图 5-25 所示。

（3）单击"操作"命令，设置需要转换的 DEM 文件格式，如图 5-26 所示。

（4）单击"操作"→"输出"命令，弹出"浏览文件夹"界面，在此设置存储路径后，单击"确定"按钮，即可完成 DEM 的格式转换，如图 5-27 所示。

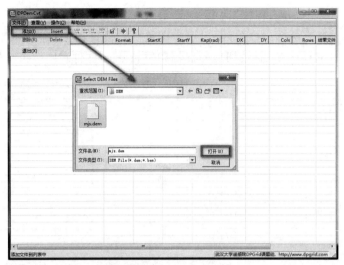

图 5-25　添加 DEM 文件

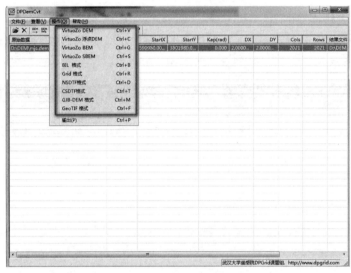

图 5-26　设置 DEM 格式

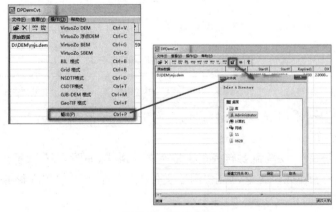

图 5-27　输出窗口

(八)元数据制作

元数据文件是一个纯文本文件,其结构采用左边为元数据项、右边为元数据值的存储结构,并且不限定字节数。元数据文件内容和格式遵循《基础地理信息数字产品元数据》(CH/T 1007—2001)的要求。

元数据文件的记录如下:

(1)元数据内容中所列出的各元数据项是元数据文件中都必须要提供的项,应逐项记录,不应有空项。有值时,必须如实记录;无值时,记为"无";值未知时,记为"未知"。其中某些元数据项的值可以根据不同的作业方法、产品需要或用户要求进行选择和增加,允许有缺省。

(2)元数据文件一般以图幅为单位进行记录。

(3)元数据文件的记录应根据生产、建库和分发等不同阶段分别进行记录。具体数据项的记录按相关的规程规范执行。

(4)元数据文件中某些需用文字说明的数据项,应以简单、清晰的语言完整地进行表达。

(5)文档簿中填写的项目,其值和说明应与元数据文件中相应项目一致。

(6)"产品名称"应记录产品的全称,如1∶2 000数字正射影像图(DOM)。

(7)"产品生产日期""产品更新日期"应记录产品最后一次生产、更新的日期。

(8)"出版日期"指数字产品包装完成,可以对外提供的日期。

(9)"图名""图号"应记录新的图名、图号,如果图名中出现目前字库中没有的汉字时,可以拼音代替并附加说明。

(10)"图外附注"指图廓外对图内某要素的附注说明信息。

元数据的其他内容填写及格式应符合国家标准规范《基础地理信息数字产品元数据》(CH/T 1007—2001)要求。

五、思考题

1. 简述数字高程模型(DEM)的定义。
2. DEM的数据采集有哪些方法?
3. 简述DEM的生产流程。
4. 简述DEM的编辑方法。
5. 简述DEM的接边方法。
6. 简述DEM的裁切方法。
7. DEM元数据包含哪些内容?

任务二　数字高程模型成果质量检查

一、任务描述

DEM数据在生产、转换、应用等过程中都会产生数据质量问题,DEM在描述地表形态时不可能完全地达到真实值,只能在一定程度上接近于真实值。本任务系统介绍数字高程模型的误差来源、成果质量检查内容与质量检查方法。

二、教学目标

(1)学会分析数字高程模型的误差来源。

(2)掌握数字高程模型的质量检查内容。

(3)掌握数字高程模型的常用质量检查方法。

三、知识准备

(一)数字高程模型误差来源

作为测绘地理信息成果之一的数字高程模型是地形表面数字化的最终表达形式。在DEM数据的获取、处理以及应用的过程中,存在误差是不可避免的。为了能够有效地控制DEM质量,首要问题就是搞清楚DEM的误差来源,这个问题也是DEM误差分析与精度研究的根本。从DEM的生产过程来看,DEM的主要误差来源包括以下几个方面。

1. 地形自身的表面特征

地形自身的表面特征决定了地形表面数字化表达的难易程度,例如山地的表达远远比平地的要难,这是很明显的。通过大量的实验研究可知:DEM的精度随着地形破碎程度的大小而变化,尤其在地形起伏变化比较大的位置,其误差较平坦地区要大。因此影响DEM数据精度的因素中不可忽略地形自身的表面特征这个重要的因素。

2. DEM的数据来源误差

当前相当大一部分的DEM原始数据资料是由测绘产品发展而来的,主要通过野外测量、地形图数字化以及摄影测量这三种方法来获取。不同的数据采集方法对应着不同的数据误差种类。例如,通过野外测量的方法获得的数据会有相应的野外数据质量误差;而地形图与数字化相结合的测量会有地形图方面的不准确性、数字化设备方面的不足以及数据处理与采集的误差;而通过摄影测量的方法进行数据获取时,会有航片方面的不准确性以及对控制点的把握不够精确、坐标转换不够细致等误差。由于传统的测绘产品在生产过程中必须遵循国标规范,所以成果数据中粗差一般是不存在的,系统误差也进行了相应的改正,因此,数据来源误差主要是随机误差。

3. 人为误差

在数据采集、处理等过程中,由于人的判断能力存在准确性不足的限制,人为的随机误差也就随之产生。例如,利用数字化地形图中的高程点与等高线等地形要素数据所生产的DEM数据,数据的数字化对点误差、控制点转换误差等均属于人为误差。控制点转换误差与航空绝对定向方面的误差是相同的,这种误差来源于控制点数字化和控制点大地坐标配准时产生的误差。而采用摄影测量的方法对DEM数据进行采集时,产生的人为误差包括采集数据和输出数据时的坐标转换以及相对定向、绝对定向、测标切地面或影像误差。

4. 数据采集仪器设备误差

在进行数据采集时,仪器设备的选择对于数据的精度影响也是比较大的,不同的仪器都有各自不同的采样精度,并且仪器在生产过程中也并不是十分精确的,总有一定的瑕疵存在,因此在使用特制仪器工具、传感器等进行数据点采集时,仪器精度和仪器自身误差是影响数据采样精度的两个方面。

5. DEM 高程插值误差

在构建 DEM 时,高程插值过程中产生的误差也是一个至关重要的误差来源。DEM 高程内插的误差不仅与所选取的插值数学方法有关,还与采样点的密度和分布密切相关,因为任何一种内插方法在数据分布不均匀且采样点密度比较稀疏的情况下,都不能获取可靠的插值结果。

(二)DEM 数据精度模型

常用的 DEM 数据精度模型包括检查点法和 DEM 中误差模型、逼近分析法和地形描述误差模型、等高线套合法和 DEM 定性评价模型等,对各个模型作简要介绍如下。

1. 检查点法和 DEM 中误差模型

使用检查点法来估算 DEM 的精度是目前我国多尺度 DEM 高程质量检查的常用方法。所谓检查点法就是预先将检查点按格网或任意形式进行排布,对已有的 DEM 根据这些点所在的位置进行逐一的检查,然后将内插高程值与实际高程值进行比较得到高程值误差,最后计算中误差。

2. 逼近分析法和地形描述误差模型

逼近分析法就是用一个简单函数来近似代替原函数,产生的差异就是逼近误差,是由于存在两个函数之间对地表描述的差异所产生的。例如,DEM 内插计算的过程就是用函数模型逼近地球表面形态的过程,产生的误差就是逼近误差。由于所用函数无法精确确定,所以一般用 DEM 描述误差来衡量。

3. 等高线套合法和 DEM 定性评价模型

所谓等高线套合法指的是将已经获取的 DEM 数据通过一定的插值方法反生成等高线,然后将新生成的等高线数据与原始等高线数据或者其他图形数据进行叠加比较,通过目视观察新生成的等高线是否存在异常。这种方法能够较为直观地显示出 DEM 误差,可以看出整体情况与实际地形地貌的吻合程度,其本质上是一种定性评价的模型,一般用于 DEM 误差的监测以及 DEM 质量的判断。

4. 实验方法和 DEM 经验模型

当前在 DEM 精度评定过程中运用较为广泛的精度模型就是采用实验的方式构建的 DEM 经验模型。该模型的建立一般有两个环节:一是对原始数据的精确度进行评价,旨在尽量减少原始数据的系统性误差和避免粗差的存在;二是对 DEM 的精度进行评定,着重研究分析 DEM 内插、采样点的分布状况和覆盖密度,以及是否考虑了地形特征、建模方法等因素对 DEM 数据精度的影响。通过实验方法获取的 DEM 经验模型通用性比较弱,但是在建立过程中涉及面比较广泛,所以可以研究不同因素对 DEM 的影响规律,从而对 DEM 的生产起到有效的指导作用。

5. 理论分析和理论模型

用理论分析的方式来建立 DEM 理论模型就是试图通过科学的数学工具构建一般意义上的 DEM 精度模型,以预测 DEM 内插精度以及为数据采样提供指导。一般情况下,常用的理论模型包括基于协方差和变差的 DEM 精度理论模型、基于功率谱的传递函数法的 DEM 精度理论模型以及基于高频谱分析的模型。

(三)DEM 数据质量检查内容

由于 DEM 生产手段和方法具有多样性,对于不同数据来源的 DEM,其质量检查内容应

该是不同的,但归纳起来,其质量检查内容主要包括以下几个方面:

(1)数学基础检查,包括空间参考系的正确性、起始格网点坐标的正确性、DEM 高程值的有效范围的正确性等。

(2)头文件检查,包括文件命名与数据格式检查。

(3)高程精度检查。

(4)接边精度检查。

(5)生产 DEM 的内插模型检查。

(6)元数据文件检查。

在进行质量检查的过程中,数学基础检查、头文件检查、元数据文件检查等可以借助于一些已有数字测绘地理信息数据软件的二次开发平台来实现。

(四)DEM 数据质量检查方法

1. 目视检查

所谓目视检查就是将原始 DEM 数据通过计算机在屏幕上进行可视化显示,再由人眼来判别有没有质量问题。经常用到的目视检查方法包括基于立体像对的 DEM 数据质量检查方法、对原始 DEM 数据进行分层设色显示目视检查方法、DEM 反演等高线目视检查方法等。对于基于立体像对的 DEM 数据质量检查方法,首先需要恢复影像的立体像对,然后再将待检查 DEM 反算到该立体像对上并进行叠加显示,目视检查吻合情况,当前该检查方法在全数字摄影测量系统中均已涵盖。对原始 DEM 数据进行分层设色显示目视检查方法对于高程明显异常的地方有一定的检查效果。该方法先要获取原始 DEM 数据高程值的最大值和最小值,然后将高程值按照从大到小的顺序分别进行由深入浅渐变的颜色赋值,这样就可以用可视化的技术检查高程突变。DEM 反演等高线目视检查方法就是将待检查 DEM 数据根据一定的等高线间距反生成等高线,再将该等高线与原始等高线叠加显示,目视检查是否存在明显错误现象。

2. 人机交互式检查

人机交互式检查就是在计算机和人的协同工作下完成质量检查任务。首先依靠计算机软件筛选出可能会出错的位置,然后再通过人工方法对其进行判断和检查。一般情况下一些比较成熟的 DEM 数据生产软件中都会提供人机交互功能。

3. 程序自动检查

DEM 数据一般情况下是一组用矩阵形式表示的高程数组,本质上是一组栅格数据,记录方式为明码标识,可以用记事本打开,包括头文件信息和数据体,数据体记录的就是栅格数据的高程值。例如,对 DEM 数据进行高程值误差检查的时候,可以通过野外实测检查点提取所对应栅格单元的像素值进行对比检查,也可以用影像检查,通过建立高程值和灰度或者色彩之间的对应关系来对 DEM 数据进行局部区域质量检查,并计算其高程中误差。程序自动检查是未来 DEM 质量检查的一个发展趋势,它具有准确、高效的特点,能够快速地发现数据中存在的质量问题,并进行标注。

4. 三种方法的结合

在进行 DEM 质量检查时可以根据不同的检查方案来选择适当的方法。对于数据量大的 DEM 质量检查任务,利用人机交互检查和自动检查的方法无疑对提高检查效率最为有利。

四、任务实施

(一)DEM成果质量检查要点

对不同方式获取的DEM数据,其质量检查方式也会有所不同。总体来说,DEM质量检查要点包括以下几个。

1.检查DEM的数据基础

数据基础的正确与否,关系到数据能否提供使用,是质量检查的重要内容,包括坐标系和投影方式。DEM坐标系的检查,可通过自动检查数据范围的正确性,实现坐标系正确与否的自动检查。

2.数据起止坐标的正确性

DEM以“分幅”为单位,标准分幅的图廓角点坐标加上外扩尺寸就是DEM范围,起坐标指的是该矩形左上格网中心点坐标,止坐标指的是该矩形右下格网中心坐标值。检查方法如下:

第一步,根据四个图廓点坐标计算起止坐标值,公式为

$$\left.\begin{array}{l} X_{起}=X_{MAX}=[INT(MAX(X_1,X_2,X_3,X_4)/\Delta d)+1]\times\Delta d-\Delta d/2 \\ Y_{起}=Y_{MIN}=INT(MIX(Y_1,Y_2,Y_3,Y_4)/\Delta d)\times\Delta d+\Delta d/2 \\ X_{止}=X_{MIN}=INT(MIX(X_1,X_2,X_3,X_4)/\Delta d)\times\Delta d+\Delta d/2 \\ Y_{止}=Y_{MAX}=[INT(MAX(Y_1,Y_2,Y_3,Y_4)/\Delta d)+1]\times\Delta d-\Delta d/2 \end{array}\right\} \quad (5-1)$$

式中:$(X_1,Y_1)\sim(X_4,Y_4)$分别为图廓四个坐标;(X_{MAX},Y_{MIN})为DEM格网起始中心坐标;(X_{MIN},Y_{MAX})为DEM格网终止中心坐标;Δd为格网间距。

第二步,通过程序自动读取DEM数据的起止点坐标值,与计算的理论值进行比较,检查是否一致。

3.高程无效值区间

高程无效值区间是指在获取DEM数据过程中因局部中断等原因无法获取高程的区域。其格网高程值应根据规范要求赋值-9 999。

4.接边正确性

检查DEM的有效范围是否相接或重叠,有无漏洞。检查重叠部分的DEM高程误差是否在规定的限差范围内,对超过2～3倍中误差的区域需重新核实其正确性。

5.产品质量

产品质量的检查主要包括格网尺寸、数据格式和高程精度的检查。格网尺寸应根据比例尺要求进行设置。常用的DEM有国家标准空间数据交换格式NSDTF-DEM(.dem)、ESRI FLOAT BIL(.bil)、Arcinfo Grid(.grd)、Arc ASCII Grid(.grd)等4种,可根据项目设计,转换为符合项目要求的格式,再进行数据格式的检查。高程精度的检查一般采用外业检查点,通过人机交互的方式获取检测点坐标,比较该位置实测高程与该位置在DEM中的高程值的高程差,最终通过中误差公式,计算整幅图高程位置精度是否符合规范要求。高程检测点的选取,一般要求每幅图应采集不少于28个样点,并要求分布均匀,尽量避开起伏较大、零散破碎地形。

6.元数据文件

检查元数据文件是否缺少、文件名称的正确性以及文件能否打开,检查所有元数据项的值

填写是否正确,格式是否符合规程规范要求。

(二)DEM 数据质量检查方法

DEM 成果精度用格网点的高程中误差表示,本项目 DEM 精度采用三级要求,具体见表 5-2。

表 5-2　数字高程模型精度指标

比例尺	高程中误差/m					
	一级		二级		三级	
1∶2 000	平地	0.40	平地	0.50	平地	0.75
	丘陵地	0.50	丘陵地	0.70	丘陵地	1.05
	山地	1.20	山地	1.50	山地	2.25
	高山地	1.50	高山地	2.00	高山地	3.00

1. 制作检查点文件

ID 编号只支持数字,根据软件需求,制作检查点文件,格式如图 5-28 所示。

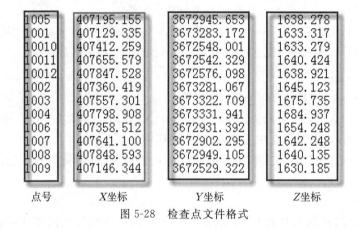

点号	X坐标	Y坐标	Z坐标
1005	407195.155	3672945.653	1638.278
1001	407129.335	3673283.172	1633.317
10010	407412.259	3672548.001	1633.279
10011	407655.579	3672542.329	1640.424
10012	407847.528	3672576.098	1638.921
1002	407360.419	3673281.067	1645.123
1003	407557.301	3673322.709	1675.735
1004	407798.908	3673331.941	1684.937
1006	407358.512	3672931.392	1654.248
1007	407641.100	3672902.295	1642.248
1008	407848.593	3672949.105	1640.135
1009	407146.344	3672529.322	1630.185

图 5-28　检查点文件格式

2. DEM 质检

在主界面 DPGrid 中单击"DEM 生产"→"DEM 质检"命令,在弹出的界面中,添加 DEM 文件及检查点文件,设置质检报告存储路径及限差后,单击"Check"按钮即可,如图 5-29 和图 5-30 所示。单击"Report"命令可对检查精度进行查看。

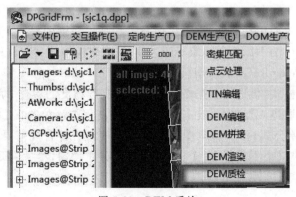

图 5-29　DEM 质检

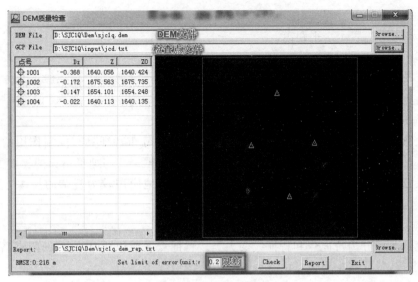

图 5-30　输出质检报告

五、思考题

1. 简述 DEM 的误差来源。
2. DEM 的精度模型有哪几种?
3. 简述 DEM 质量检查的内容。
4. 简述 DEM 质量检查的主要方法。

任务三　数字高程模型应用

一、任务描述

数字高程模型作为一种重要的基础地理信息数据,是一种连续的栅格图像数据,在坡度和坡向分析、高程分带、地形阴影、彩色地势、地形校正处理等地形分析中有广泛的应用。本任务主要介绍 DEM 在坡度、坡向分析方面的应用。

二、教学目标

(1)能利用 DEM 进行坡度、坡向分析。
(2)能利用 DEM 进行地形特征提取。

三、知识准备

1. 坡度

地表任一点的坡度是指该点的切平面与水平地面的夹角。坡度图是表示地面倾斜率的地图,主要用晕线或颜色在图上直接表示该处坡度的大小和陡缓。

坡度倾角 α 的计算公式为

$$\tan\alpha = h/l \tag{5-2}$$

式中：h 表示高差；l 表示水平距离。

2. 坡向

坡向反映斜坡所面对的方向。坡向也称为坡面倾面，单位为度(°)，一般正北方向为 0°，按顺时针方向度量。

3. 特征地形要素

特征地形要素主要是指对地形在地表的空间分析与分布特征具有控制作用的点、线和面状要素。特征地形要素构成地表地形与起伏变化的基本框架。与地形指标的提取主要采用小范围的领域分析所不同的是，特征地形要素的提取更多地应用较为复杂的技术方法，如山谷线、山脊线、沟沿线等的提取。

4. 特征地形要素的分类

特征地形要素分为特征点和特征线两大类。特征点主要包括山顶点、凹陷点、脊点、谷点、鞍点、平地点等，特征线主要包括山谷线、山脊线、沟沿线等。

四、任务实施

使用 ArcGIS 软件对 DEM 进行坡度、坡向的分析以及地形特征要素的提取。

（一）坡向分析的具体步骤

打开 ArcToolbox 工具箱，选择"3D Analyst 工具"→"栅格表面"→"坡向"命令，如图 5-31 所示。指定各参数后，单击"确定"按钮。

图 5-31 坡向工具在 ArcToolbox 工具箱列表中的位置

执行指令后，得到坡向栅格图层 Aspect_tif2，如图 5-32 所示。

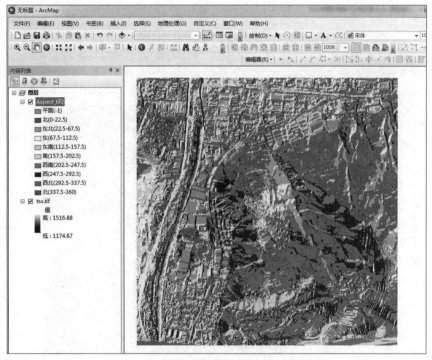

图 5-32　坡向分析图

(二)坡度分析的具体步骤

打开 ArcToolbox 工具箱,选择"3D Analyst 工具"→"栅格表面"→"坡度"命令,如图 5-33 所示。指定各参数后,单击"确定"按钮。

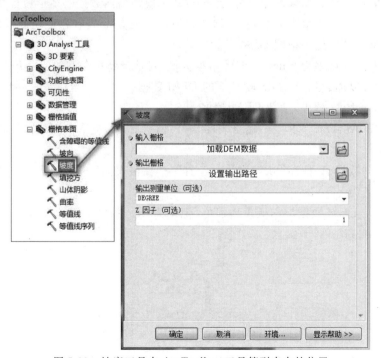

图 5-33　坡度工具在 ArcToolbox 工具箱列表中的位置

执行指令后,得到坡向栅格图层 Slope_tif1,如图 5-34 所示。

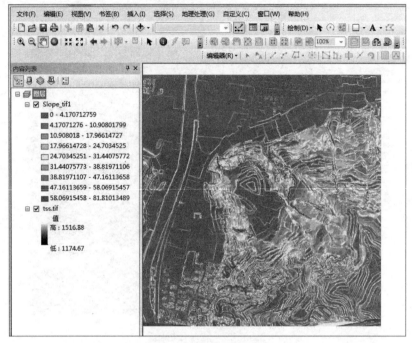

图 5-34　坡度分析图

(三)地形特征要素的提取

提取地形特征要素,如山谷线、山脊线、沟沿线等,应用的技术方法较为复杂。已有的山脊线和山谷线提取算法从数据来源上可分为三类:基于规则格网数据的地形特征要素提取、基于等高线数据的地形特征要素提取和基于 TIN 的地形特征要素提取。自动提取山脊线和山谷线的主要方法都是基于规则格网 DEM 数据。

下面以某地区分辨率为 2 m 的 DEM 数据为例,对地形特征信息进行提取。

数据准备:可以加载到 ArcGIS 软件下的 DEM 数据。

启动 ArcGIS 10.2 软件,加载 DEM 数据。

(1)选择“3D Analyst 工具”→“栅格表面”→“坡向”命令,提取 DEM 的坡向数据层,命名为 A。

(2)基于坡向数据 A,使用“3D Analyst 工具”→“栅格表面”→“坡度”命令,提取数据层 A 的坡度数据,命名为 SOA1。

(3)求取原始 DEM 数据层的最大高程值,记录为 H。如图 5-35 所示,该 DEM 数据的最大高程值为 1 516.88。

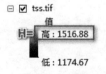

图 5-35　DEM 最大高程值

单击“Spatial Analyst 工具”→“地图代数”→“栅格计算器”命令,输入命令“H-dem 文件名",如图 5-36 所示,得到与原来地形相反的数据层,即反地形 DEM 数据。求反地形 DEM 数据,得到反地形 DEM 数据层 rastercalc5,如图 5-37 所示。

(4)基于反地形 DEM 数据求算坡向值。求得反地形 DEM 数据层 rastercalc5 的坡向数据为 Aspect_raste4(坡向值的求算,见图 5-31)。

(5)提取反地形 DEM 坡向数据层 Aspect_raste4 的坡度数据。求得反地形 DEM 坡向数据层 Aspect_raste4 的坡度数据为 SOA2(坡度值的求算,见图 5-33)。

图 5-36 "栅格计算器"对话框

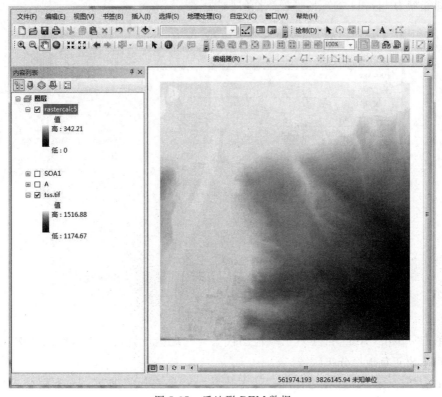

图 5-37 反地形 DEM 数据

（6）单击"Spatial Analyst 工具"→"地图代数"→"栅格计算器"命令，求得没有误差的 DEM 的坡向变率 SOA，公式为"SOA＝（（"SOA1＋SOA2"）−Abs（"SOA1−SOA2"））/2"，其中 Abs（）代表求算绝对值，如图 5-38 所示。

图 5-38　没有误差的 DEM 的坡向变率求取方式

（7）再次单击初始 DEM 数据，使用"Spatial Analyst 工具"→"邻域分析"→"块统计"命令，如图 5-39 所示，设置统计类型为平均值，邻域类型为矩形，邻域大小为 11×11，单击"确定"按钮，得到邻域为 11×11 的矩形平均数据层，即为 B。

图 5-39　块统计窗口

（8）单击"Spatial Analyst 工具"→"地图代数"→"栅格计算器"命令，输入公式"C＝DEM−B"，即可求出正负地形分布区域。

（9）单击"Spatial Analyst 工具"→"地图代数"→"栅格计算器"命令，利用公式"shanji＝"C"＞0&"SOA"＞70"，即可求出山脊线，如图 5-40 所示。

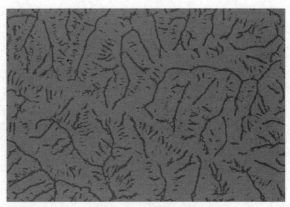

图 5-40　山脊线成果

（10）在栅格计算器中，输入公式"shangu＝"C" ＜ 0 ＆ "SOA" ＜70"，即可求出山谷线，如图 5-41 所示。

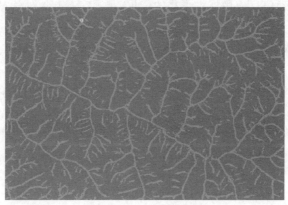

图 5-41　山谷线成果

五、思考题

1. 简述坡度、坡向、地形特征要素的定义。

2. 简述坡度分析的步骤。

3. 简述坡向分析的步骤。

4. 简述地形特征要素提取的步骤。

项目六　数字正射影像图

任务一　数字正射影像图生产

一、任务描述

数字正射影像图（DOM）是无人机摄影测量技术生产的核心地理信息产品之一，摄影测量技术是生产DOM的主要手段，DOM具有精度高、信息丰富、直观真实、现实性强等特点，可作为背景信息，评价其他数据的精度、现实性和完整性，也可从中提取自然资源和社会经济发展的历史信息，为各类地理信息应用提供可靠的依据，是国家基础地理信息数字成果的主要组成部分。

本项目重点学习数字正射影像图的相关理论知识以及生产流程。

二、教学目标

(1)掌握数字正射影像图的相关理论知识。
(2)能够操作软件完成像片纠正、镶嵌，生产数字正射影像图。
(3)培养规范严谨、认真负责的工作态度和职业素质。

三、知识准备

(一)数字正射影像图的概念

数字正射影像图是对航空航天像片进行数字微分纠正和镶嵌，按国家基本比例尺地形图图幅范围裁剪生成的影像图。它是同时具有地图几何精度和影像特征的图像，如图6-1所示。

图 6-1　数字正射影像图

(二)影像像元

像元是影像的最小单元，也称像素，是反映影像特征的重要标志。像元大小决定了数字影像的影像分辨率和信息量。像元小,影像分辨率高,信息量大;反之,影像分辨率低,信息量小。图 6-2 为像元与影像分辨率示意图。

图 6-2　像元与影像分辨率示意图

(三)地面像元分辨率

数字正射影像图的地面像元分辨率见表 6-1。

表 6-1　数字正射影像图地面像元分辨率　　　　　单位:m

比例尺	1∶500	1∶1 000	1∶2 000
地面像元分辨率	0.05	0.1	0.2

地面像元分辨率(ground sampling distance,GSD)是衡量遥感图像(或影像)能够有差别区分两个相邻地物的最小距离的能力,指一个像元代表地面面积的多少。当地面像元分辨率为 1 m 时,一个像元相当于地面 1 m×1 m 的面积。

(四)数学基础

数字正射影像图所采用的坐标系统,包含平面坐标系及高程基准。我国目前采用 2000 国家大地坐标系(CGCS2000),常用高斯-克吕格 3°分带的投影方式;高程基准采用 1985 国家高程基准。

(五)数字正射影像图数据内容及格式

数字正射影像图数据集由数字正射影像图文件(.tif 格式)、记录影像坐标信息的影像信息文件(.tfw 格式)、元数据文件(.xls 格式)三部分组成。数字正射影像图文件应使用非压缩 TIFF 格式存储。影像坐标信息在 TFW 文件中以 ASCII 文件格式存储,如图 6-3 所示。

每个图幅的元数据保存为一个.xls 文件,元数据由数据基本情况、数据源情况、生

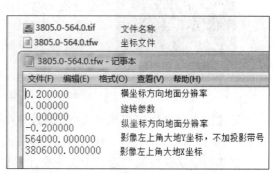

图 6-3　TIFF 与 TFW 数据形式

产过程信息和数据分发信息四部分组成。数据基本情况记录图幅影像数据的基本信息,如图号、分辨率、影像数据源等内容;数据源情况根据生产所用的数据源填写相应部分;生产过程信息记录生产过程中的主要技术指标情况以及相应的总结及评价情况;数据分发信息主要记录该数据分发单位的基本信息。元数据的数据内容如图 6-4 所示。

图 6-4　元数据内容

(六)影像重采样

影像重采样指对数字化影像像点按要求重新排列,得到不位于矩阵(采样)点上的原始函数 $g(x,y)$ 的数值,如图 6-5 所示。

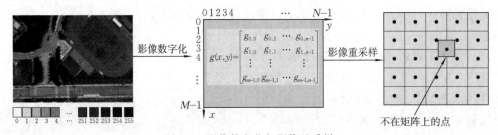

图 6-5　影像数字化与影像重采样

影像重采样应用于影像缩放、影像处理(灰度调整、旋转、镶嵌、配准)、影像纠正(几何校正、核线重排、DOM 制作)。重采样方法有最邻近点法、双线性内插法和双三次卷积法。

最邻近点法是按最邻近一个点的属性数据赋予重采样点属性值的一种数学计算方法。这种方法最简单,但可能造成像点一个像元范围内的误差,精度较差,优点是计算速度快且不破坏原始影像的灰度信息。

双线性内插法是利用周边最邻近的 4 个点,按两个方向线性内插,求重采样点属性值的一种数学计算方法。算法较简单,且具有较高的灰度内插精度,是实践中常用的方法。

双三次卷积法是利用周边最邻近的 9 个点按三次多项式方程内插,求重采样点属性值的一种数学计算方法。算法较复杂,内插精度好,但计算比较费时。

(七)像片纠正

航空摄影所得到的像片是中心投影,所有的投影线均汇聚于相机的摄影中心。由于航片不一定平行于地面,且地面上存在着高差,所以航片与普通的地图不同,存在几何变形。航摄像片和数字正射影像图成图示意如图 6-6 所示。

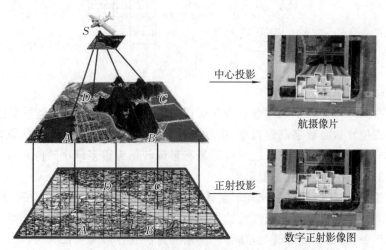

图 6-6　航摄像片和数字正射影像图成图示意

如图 6-7 所示,航空摄影过程中,由于影像有倾斜,由地面物点汇聚于投影中心 S 的投影光线与影像平面的交点构成了地面点 A、B、C、D、F 在航片上的构像 a、b、c、d、f。如果影像水平,将地面物点沿铅垂线方向投影在任一水平面上,投影点 a_0、b_0、c_0、d_0、f_0 即为物点的正射投影,这些正射投影点经一定比例尺缩小后,就能得到影像平面图的影像。但只有当地面物点都位于同一水平面时,航摄相机对水平地面摄取水平影像,如图 6-8 所示,地物点在影像上的中心投影 a、b、c、d、f 其形状与相应的正射投影 a_0、b_0、c_0、d_0、f_0 才完全相似。

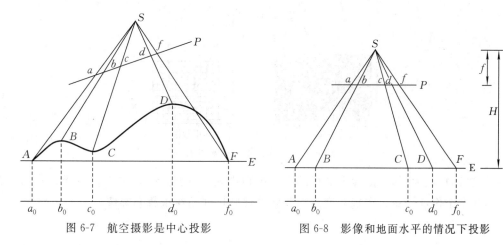

图 6-7　航空摄影是中心投影　　　　　图 6-8　影像和地面水平的情况下投影

通过以上图形的分析可知,与影像平面图相比较,航摄航片存在:①由影像倾斜引起的像点位移;②由地面起伏引起的像点位移;③摄站点之间由航高差引起的各张影像间的比例尺不一致。

由此可知,在地形没有起伏、影像没有倾斜的情况下,航摄影像可以看作是影像平面图。为消除影像与影像平面图的差异,需要将竖直摄影的影像消除影像倾斜、地形起伏引起的像点位移,并将影像归化至成图比例尺,这项工作称为像片纠正,如图 6-9 所示。

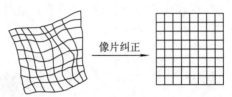

图 6-9   像片纠正

(八)数字微分纠正

无人机摄影测量像片纠正采用数字微分纠正的方法,数字微分纠正是根据已知影像的内定向参数和外方位元素及数字高程模型,按一定的数学模型用控制点解算,从原始非正射投影的数字影像获取正射影像的过程。这种过程是将影像转化为很多微小的像元,逐一进行纠正,消除原始像片的像点位移,得到正射影像。

在数字影像上,由于影像倾斜和地形起伏,影像上各栅格对应的灰度位置都发生了变化,影像纠正的实质是要解决位置与灰度的关系问题。解决这个问题就要确定原始图像与纠正后图像之间的几何关系(数学中的映射范畴)。常用的方法有正解法和反解法。

1. 正解法

以原始影像的像元为纠正单元,通过共线条件方程,直接获取其在正射影像上位置的方法称为正解法(直接法)数字微分纠正,如图 6-10 所示。利用的方程式为共线方程,即

$$
\left.
\begin{aligned}
X &= Z \cdot \frac{a_1 x + a_2 y - a_3 f}{c_1 x + c_2 y - c_3 f} \\
Y &= Z \cdot \frac{b_1 x + b_2 y - b_3 f}{c_1 x + c_2 y - c_3 f}
\end{aligned}
\right\}
\tag{6-1}
$$

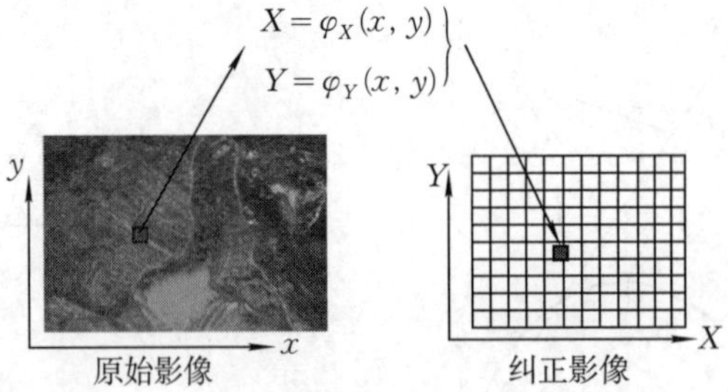

$$
\left.
\begin{aligned}
X &= \varphi_X(x, y) \\
Y &= \varphi_Y(x, y)
\end{aligned}
\right\}
$$

原始影像   纠正影像

图 6-10   正解法数字微分纠正

正解法的特点为:纠正图像上所得的点非规则排列,有的像元可能"空白"(无像点),有的可能重复(多个像点),难以实现灰度内插并获得规则排列的纠正数字影像。

2. 反解法

反解法(间接法)数字微分纠正是以正射影像的像元为纠正单元,解算其在原始影像上对

应的像元,然后赋予正射影像的方法,如图 6-11 所示。

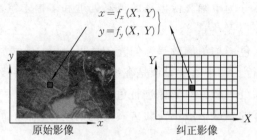

$$x = f_x(X, Y)$$
$$y = f_y(X, Y)$$

原始影像　　　　　纠正影像

图 6-11　反解法数字微分纠正

其作业过程如下:

(1)计算地面点坐标:正射影像任一点 P 的坐标由正射影像左下角地面坐标(X,Y)与正射影像比例尺分母 M 与像元大小计算得到。

(2)利用共线方程在内外方位元素已知的情况下计算地面点对应的原始像点坐标,公式为

$$x - x_0 = -f \frac{a_1(X - X_S) + b_1(Y - Y_S) + c_1(Z - Z_S)}{a_3(X - X_S) + b_3(Y - Y_S) + c_3(Z - Z_S)} \left.\right\}$$
$$y - y_0 = -f \frac{a_2(X - X_S) + b_2(Y - Y_S) + c_2(Z - Z_S)}{a_3(X - X_S) + b_3(Y - Y_S) + c_3(Z - Z_S)} \left.\right\} \tag{6-2}$$

地面点 P 的坐标(X,Y)通过第一步已经求出,Z 是 P 点的高程,由 DEM 内插求得,通过共线方程,计算出地面点对应的像点坐标。

(3)灰度内插:算出的像点坐标不一定落在像元中心,需要根据周围像元灰度重新计算新的像点灰度值。

(4)灰度赋值:将像点灰度值赋给纠正后像元。

反解法的具体作业过程如图 6-12 所示。

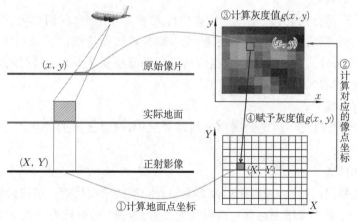

图 6-12　反解法数字微分纠正作业过程

反解法的特点为:纠正图像上所得的点规则排列,逐像元从原始影像上采样,不会存在空白像元,适合于制作数字正射影像图。

(九)影像匀光匀色

航空影像在获取时由于受时间、外部光照条件以及其他内外部因素的影响,获取的影像在

色彩上存在不同程度的差异,为消除影像色彩差异,需要对影像进行色彩处理。

影像的色彩处理可以分为单幅影像内部的色彩处理和多幅影像之间的色彩处理。色彩处理一般在影像预处理阶段以及生成单片或镶嵌后进行。匀光匀色就是处理影像的亮度和色彩,使影像达到反差均匀、色彩均衡的效果。匀光匀色可以根据参考影像,使用色调匹配、色调均衡、传统匀色等方法进行。其中参考影像是在原始影像中挑选能够代表测区地物的影像,可以通过 Photoshop 等图像处理软件对影像进行色彩调整。

对于数据色调比较好的测区一般不需要再做匀色处理,只需做简单的匀光处理即可。

(十)影像镶嵌

通过多幅影像同名点自动匹配进行影像拼接,叫作影像镶嵌。正射影像镶嵌是在生成的单片数字正射影像图间的重叠影像区内选取拼接线,进行镶嵌处理,最终得到整个区域影像的过程。

镶嵌线是影像之间公共区域选择的拼接线。在制作过程中选择合理的镶嵌线,要求如下:

(1)尽量沿着线状地物(如田埂、路边线、水涯线等)。

(2)选择镶嵌线时应尽可能绕过山地和房子,沿道路而走,避让高大建筑物,并减少高大建筑物对其他地物的遮挡,保存更多地面信息。否则在像对或航线之间进行 DOM 拼接时,会发生房屋对倒或相互挤压的现象。

(3)尽可能避开重要地物,以确保重要地物的完整性。

(4)镶嵌线尽量走近似直线的平滑曲线或直线。

(5)镶嵌线选好后,选择较小的羽化值如 3~10 像元为拼接过渡。

(十一)影像精度检查

影响数字正射影像图精度的原因是多方面的,对于数字正射影像图的成图检查也要从对生产过程的监督入手,检查各工序的作业程序是否符合国家、行业规范以及设计书的要求,检查各项精度指标是否达到要求。

精度检查分两部分内容:一是目视检查影像是否反差适中、色调均匀、纹理清楚、层次丰富,无明显失真、明显镶嵌接缝及调整痕迹,无因影像缺损而造成的无法判读影像信息和精度的损失;二是利用外业采集的检查点数据检测影像平面精度是否满足精度限差,也可对部分点位通过外业实地勘测的方式进行检测。

(十二)影像分幅

按照国家主管部门统一制定的图幅分幅编号规则,对镶嵌好的数字正射影像图进行分幅编号。

(十三)影像接边

应保证接边数据的精度,进行接边处影像检查和接边精度检查。接边处影像检查:用目测法检查相邻数字正射影像图图幅接边处影像的亮度、反差、色彩是否一致。接边精度的检查:取相邻两数字正射影像图重叠区域处同名点作为检查点,或直接根据外业检查点,分别量取两同名点或检查点的距离,读取同名点或检查点的坐标,算出两点间的距离,检查同名点或检查点的较差是否符合限差。

对于同分辨率影像,可直接接边;对于不同分辨率影像,先重采样成同一分辨率,再进行接边。

四、任务实施

本项目使用 DPGridFrm 软件利用项目四中的空三加密成果、项目五中的 DEM 成果,完成单张 DOM 的生产、影像镶嵌、影像拼接、DOM 质检,然后借助于 EPT 软件完成 DOM 的分幅及接边工作。本项目以生产××市××镇××村 0.2 m 分辨率的数字正射影像图的项目为例,介绍数字正射影像图的制作流程。

(一)资料准备

需要准备的资料如下:

(1)项目四中的空三加密成果、像片数据,如图 6-13 所示。

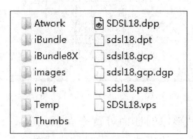

图 6-13　影像及工程文件

(2)项目五中编辑后的 DEM 成果数据。

(二)单张数字正射影像图制作

1.打开工程

打开 DPGridFrm 软件,单击菜单栏中的"文件"→"打开"命令,选择空三加密工程.dpp 文件,打开即可,如图 6-14 所示。

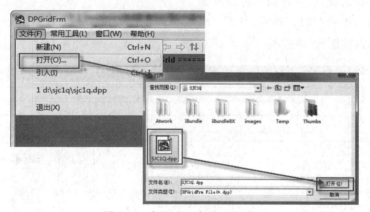

图 6-14　打开空三加密工程窗口

2.单张数字正射影像图制作

单击菜单栏中"DOM 生产"命令,选择"正射生产"选项,系统弹出"生产正射影像"对话框,如图 6-15 所示。

"生产正射影像"对话框中的具体命令设置说明如下。

工程:单击——按钮,导入空三加密工程.dpp 文件。

DEM:单击——按钮,导入项目五编辑后的 DEM 成果文件。

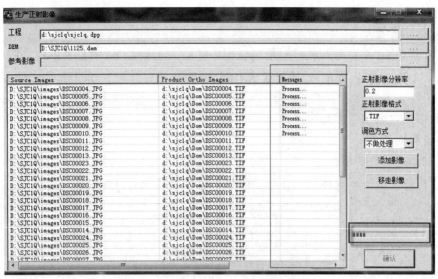

图 6-15 "生产正射影像"对话框

正射影像分辨率：设置成果影像的地面分辨率。

正射影像格式：设置成果影像的格式，支持四种格式的输出，分别为.tif、.orl、.dpr、.bbi。

调色方式：可以选择"不做处理""色调匹配""色调均衡"和"传统匀色"。"色调匹配"指将目标影像色调调整到与参考影像最接近；"色调均衡"指对目标进行色调均衡处理；"传统匀色"指用传统算法进行匀色。

添加影像：添加待处理的影像。

移走影像：移除已添加影像。

确认：保存当前设置，并开始进行处理。

设置完成后，单击"确认"按钮，执行单张 DOM 生产处理。对话框中 Messages 一栏可以对进度进行查看，如图 6-16 所示。

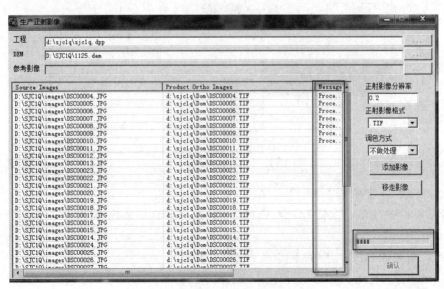

图 6-16 数字正射影像图处理界面

待所有单张 DOM 生产完成后,系统会自动关闭"生产正射影像"对话框,处理完成的单张 DOM,会默认存放在"Dom"工程文件夹中,如图 6-17 所示。

图 6-17　单张 DOM 存放

(三)影像镶嵌

1. 创建正射影像拼接工程

在 DPGridFrm 软件界面中,单击"DOM 生产"→"正射拼接"命令,系统弹出 DPMzx 界面,选择"文件"→"新建"选项,系统弹出新建拼接工程对话框,如图 6-18 所示。设置工程路径及相关参数后,单击"确认"按钮,即可完成正射拼接工程的创建。

图 6-18　新建拼接工程对话框

新建拼接工程对话框中的具体命令设置说明如下。

(1)工程路径:设置影像拼接工程存放路径。

(2)参数设置。

拼接过渡带宽度:平均工程中羽化带的宽度,以像素为单位,在羽化带内影像将逐步过渡到另外一张影像,默认值是 16 像素,最大不超过 32 像素。

默认图像大小:处理过程中每次读写的影像块大小,以像素为单位,默认值为 64 像素,推荐在 64~512 像素选择。注意:拼接线一定会出现在图块边界上。

影像背景颜色:对没有影像数据的部分用这里指定的颜色进行填充。

色调羽化过渡：根据单片色调情况，进行设置。

设置完成，单击"确认"按钮，即可完成正射影像拼接工程的创建。

2. 添加影像

工程创建完成后，单击"文件"→"添加影像"命令或单击工具栏中"添加影像"命令，弹出 Select Images 界面。选择需要进行拼接的正射影像文件，单击"打开"按钮，即可完成影像的添加，如图 6-19 所示。

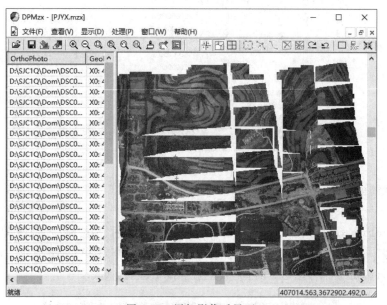

图 6-19　添加影像后界面

影像添加完成后，系统会将所有影像按坐标叠合在一起显示，此时相互有压盖是正常现象，在生成拼接线后，压盖才会消失。

3. 生成拼接线

影像添加完成后，单击"处理"→"生成拼接线"命令或单击工具栏中"生成拼接线"命令，程序则通过 DEM 文件自动生成拼接线，如图 6-20 所示。

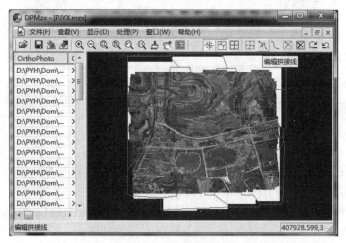

图 6-20　生成拼接线界面

自动生成的拼接线并不能完全保证房屋、道路的完整性,不能保证房屋、道路没有错位现象,所以拼接线生成后,需要人工编辑拼接线,以保证房屋、道路的完整性和逻辑关系一致性。

4.编辑拼接线

单击"处理"→"编辑拼接线"命令,进入拼接线编辑模式。

1)拼接线编辑

拼接线编辑命令,在这里有两种:第一种是编辑拼接线,通过移动或者添加拼接线上的结点进行编辑;第二种是修测拼接线,通过手绘拼接线的运动轨迹,进行编辑。如图 6-21 所示。

图 6-21　编辑工具条界面

拼接线编辑前后效果对比如图 6-22 所示。

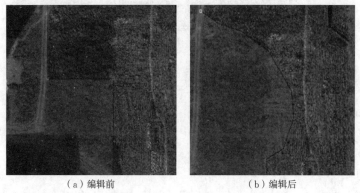

（a）编辑前　　　　　　　　　　（b）编辑后

图 6-22　拼接线编辑前后对比图

2)输出拼接线

拼接线编辑完成后,需要对拼接线进行输出保存,方便后期数据的检查与修改。单击"处理"→"输出拼接线"命令,选择存储路径,对拼接线进行保存,如图 6-23 所示。

图 6-23　输出拼接线界面

（四）拼接影像

在 DPMzx 界面中,单击"处理"→"拼接影像"命令,系统弹出拼接成果保存窗口。设置成果保存路径及名称、成果格式类型,单击"保存"按钮,即可进行拼接输出,如图 6-24 所示。拼接成果格式默认为.dpr,同时也支持.orl、lei、tif格式。

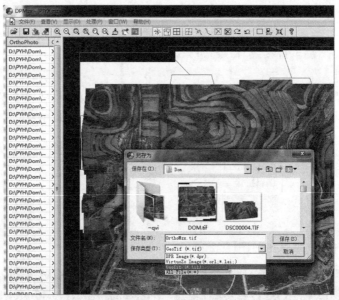

图 6-24　拼接影像

(五)数字正射影像图编辑

　　自动生成的大比例尺数字正射影像图,对于存在较大高差的地形,如高大的建筑物、高悬于河流之上的大桥等,会出现严重的变形、重影、扭曲等情况。因此,需要对数字正射影像图进行局部的编辑和校正。在 DPGrid 软件界面中,单击"DOM 生产"→"正射编辑"命令,打开DPDomEdt 界面,对数字正射影像图进行编辑。

　　1. 打开影像

　　在 DPDomEdt 界面中,单击"文件"→"打开"命令,在弹出的对话框中选择需要进行编辑的数字正射影像图,如图 6-25 所示。

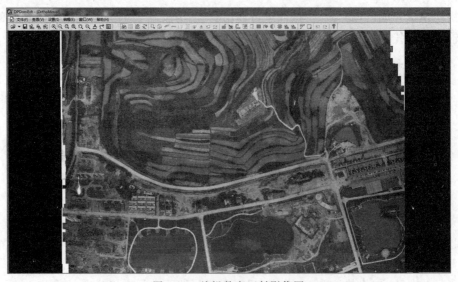

图 6-25　编辑数字正射影像图

2. 载入 DEM 和工程文件

在数字正射影像图的编辑过程中,需加载相对应的 DEM 文件和工程文件。

在 DPDomEdt 界面中,单击"文件"→"载入 DEM"命令,并单击"载入 DP 测区"命令,分别载入 DEM 文件和.dpp 工程文件。

载入 DEM 后,数据将会以等高线方式表示出来,如图 6-26 所示。等高线显示可以通过"设置"→"设置等高线参数"命令来进行设置,如图 6-27 所示。

图 6-26　载入 DEM 后显示界面

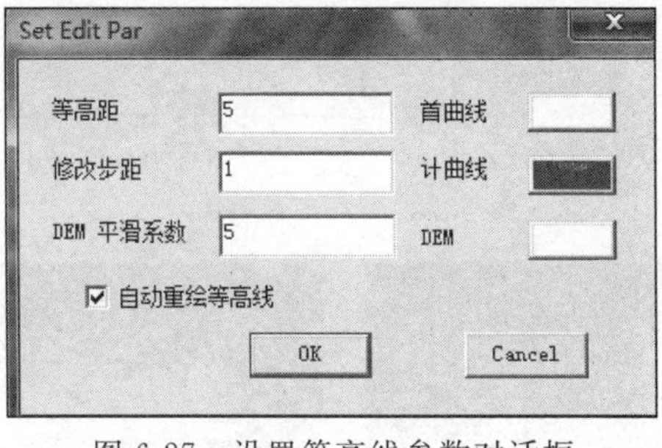

图 6-27　设置等高线参数对话框

设置等高线参数对话框中的具体命令设置说明如下。

等高距:等高线高程间隔。

修改步距:用键盘中的上、下方向键时,DEM 的高程变化步距。

DEM 平滑系数:使用 DEM 平滑时,平滑算法使用的系数,相当于中值滤波的窗口大小。

3. 选择编辑区域

DOM 编辑区域选择有矩形框选和多边形选择两种方式。

矩形框选:按住鼠标左键开始框选范围,松开鼠标左键结束选择,出现红色范围线就代表已选中。

多变形选择:单击"编辑"→"选择区域"命令,或者在影像上单击鼠标右键选择"选择区域"

命令,使用鼠标左键确定多边形结点,单击鼠标右键结束,出现红色范围线就代表已选中。

4. 编辑处理

1)局部编辑处理

选择编辑区域后,即可对所选范围内的 DOM 进行局部处理。正射影像的编辑方式支持多种方式,包括修改 DEM 重纠、使用 PS 编辑、用参考影像替换、用指定颜色填充、调整亮度对比度和区域匀光匀色等。

(1)修改 DEM 重纠:修改正射影像对应区域的 DEM 值,然后利用 DEM 对局部正射影像进行重新生成。这里 DEM 的编辑几乎涉及了项目五数字高程模型制作中 DEM 编辑内容中的所有方法,其原理与 DEM 编辑模块也一致,这里不再赘述。注意:此命令使用时,一定要先载入 DEM 和相关工程文件后才可以进行编辑。DEM 编辑命令,如图 6-28 所示。DEM 编辑前后正射影像对比效果如图 6-29 所示。

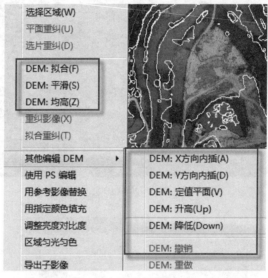

图 6-28　DEM 编辑命令

（a）编辑前　　　　　　　　　　　（b）编辑后

图 6-29　DEM 编辑前后正射影像对比

(2)使用 PS 编辑:单击"编辑"→"使用 PS 编辑"命令,进入 Photoshop 界面,对 DOM 进行编辑,编辑完成后保存退出。OrthoEdit 软件中影像被编辑部分会实时更新编辑结果。注意:首次调用 Photoshop,需要设置 Photoshop.exe 的路径,如图 6-30 所示。

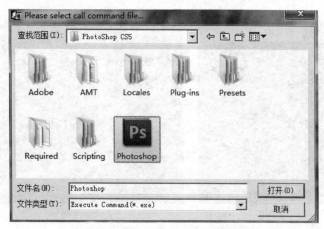

图 6-30　指定 Photoshop 软件路径

（3）用参考影像替换：单击"编辑"→ "用参考影像替换"命令，进入复制参考影像替换对话框，使用"新加参考影像"和"移走参考影像"命令，即可对所选正射影像进行修改。

（4）用指定颜色填充：单击"编辑"→"用指定颜色填充"命令，在弹出的对话框汇总选取一种颜色，单击"确定"按钮，即可用该颜色对选定区域进行填充。

（5）调整亮度对比度：单击"编辑"→"调整亮度对比度"命令，即可进入亮度对比度调节对话框。调整亮度和对比度滚动条，单击"保存"按钮，即可对所选区域进行修改。

（6）区域匀光匀色：单击"编辑"→"区域匀光匀色"命令，进入匀光匀色对话框，设置参考影像，单击"结果预览"命令，可以预览处理结果。单击"保存"按钮，即可对处理结果进行保存。

2）常见问题处理

（1）编辑变形房屋：用多边形或矩形选择工具，选中要编辑的房屋，使用 DEM 中的"X（或Y）方向内插"或"定值高程"命令，对所选范围进行编辑，然后使用"重纠影像"命令，对影像进行重纠，来实现编辑正射影像的目的，如图 6-31 所示。

（a）重纠前　　　　　　　　　　　　（b）重纠后

图 6-31　正射影像重纠前后对比

（2）编辑影像拉花：正射影像拉花现象通常出现在高差比较大的位置，如高大建筑物、断崖、高大树木的位置等。常用处理方法是选择不同方向的原始影像作为参考影像，然后利用"重纠影像"命令对其进行重新纠正。在正射影像编辑界面中，载入工程后可看到每张原始影像中心点的十字。用鼠标左键双击十字，十字周围会出现绿色圆圈，此影像即为选择的参考影像，可用此原始影像对正射影像重新纠正，如图 6-32 所示。

（a）重纠前　　　　　　　　　（b）重纠后

图 6-32　重纠影像前后结果对比

（3）编辑拼接缝隙：通过上述学习，可以知道整张正射影像是由多张单张正射影像拼接而来，由于摄影位置的差异和目标地物的高程差异，在生产正射影像过程中会出现房屋重影、倒向不一致等问题。针对此类问题通常采用指定原始影像重新采集的方式进行解决，在选择区域时，要尽量保证同一地物目标在同一张影像中采集，拼接位置尽量选择在草丛、不明显的平地等位置。

（4）色彩过渡问题可以通过"调整亮度对比度"和"使用 PS 编辑"命令来进行色调调整。

5．保存编辑结果

单击"文件"→"保存"命令，即可保存当前编辑结果。

（六）数字正射影像图精度质检

数字正射影像图的精度质检，通常采用在影像上量取控制点对应的影像点，求取其中误差的方法来评估影像精度。单击"DOM 生产"→"正射质检"命令，弹出 DPDomQC 窗口。在窗口中单击"文件"→"打开"命令，在弹出的界面中选择 DOM 文件后，单击"打开"按钮，如图 6-33 所示。

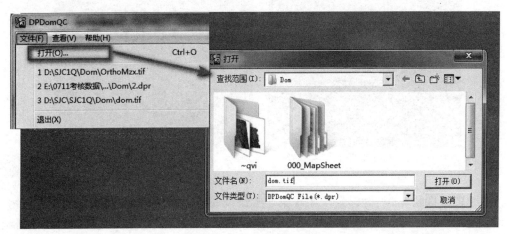

图 6-33　打开 DOM 界面

1．导入控制点

（1）ID 编号只支持数字，根据软件需求，制作检查点文件，格式如图 6-34 所示。

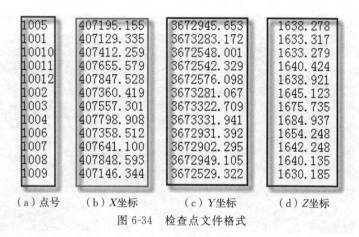

1005	407195.155	3672945.653	1638.278
1001	407129.335	3673283.172	1633.317
10010	407412.259	3672548.001	1633.279
10011	407655.579	3672542.329	1640.424
10012	407847.528	3672576.098	1638.921
1002	407360.419	3673281.067	1645.123
1003	407557.301	3673322.709	1675.735
1004	407798.908	3673331.941	1684.937
1006	407358.512	3672931.392	1654.248
1007	407641.100	3672902.295	1642.248
1008	407848.593	3672949.105	1640.135
1009	407146.344	3672529.322	1630.185
（a）点号	（b）X坐标	（c）Y坐标	（d）Z坐标

图 6-34　检查点文件格式

（2）单击"文件"→"导入控制点"命令，在弹出界面中找到检查点文件后，单击"确定"按钮，如图 6-35 所示。

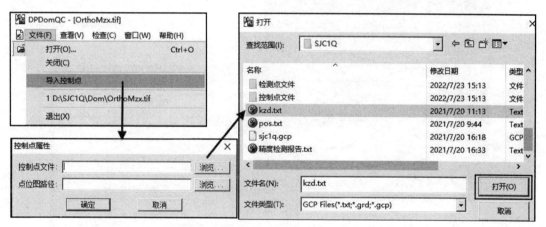

图 6-35　导入检查点

2. 检查点转刺

（1）在左侧检查点处，双击鼠标左键精调窗口会实时显示检查点点位，单击鼠标右键，通过"放大""缩小""适合窗口""原始 1∶1"等命令调整合适视角，找到准确点位后单击鼠标左键。以此类推，逐次完成所有点位的转刺（图 6-36）。

（2）单击"检查"→"导出精度报告"命令。

（七）数字正射影像图分幅

为了便于 DOM 的管理和查询，需要对 DOM 进行分幅裁切存储。严格按照相关规范或技术要求规定的起止格网点坐标对 DOM 进行裁切。

DOM 的裁切可以通过多款软件来实现。目前 DPGrid 软件对 DOM 裁切暂时仅支持任意裁切，按分幅裁切功能还不完善。这里的 DOM 分幅，以使用 EPT 软件为例，介绍相关流程。

1. 划分图幅

打开 EPT 软件，单击"开始"→"划分图幅"→"批量划分图幅"命令，如图 6-37 所示。

"划分图幅"对话框中的具体命令设置说明如下。

图 6-36 点位转刺窗口

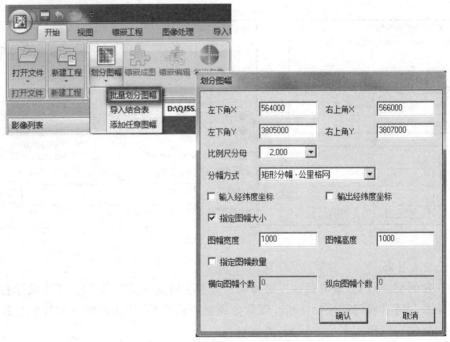

图 6-37 "划分图幅"对话框

（1）坐标范围为实际加载影像的左下角和右上角坐标值，程序会自动获取坐标范围，只需修改起点坐标值。因为通常矩形图幅的起点坐标都是整公里格网，需将起点坐标修改为整公里的倍数，否则划分的图幅坐标会带有小数，名称也会带有小数。

（2）比例尺分母：指定比例尺的大小。程序提供的所有比例尺划分如图 6-38 所示。

（3）分幅方式：目前实际生产上主要以矩形分幅为主，但是由于新老图幅名称等的不同，因此又增加了其他分幅方式，如图 6-39 所示。

（4）输入经纬度坐标：指导入的影像是否为经纬度数据。

（5）输出经纬度坐标：指输出的图幅是否为经纬度成果。

（6）指定图幅大小：可以自定义图幅大小，也可以默认大小。

(7)指定图幅数量:指定图幅数量后程序自动划分大小。

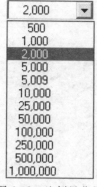

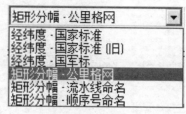

图 6-38　比例尺分母　　　　　　　　图 6-39　分幅方式

下面以 1∶2 000 矩形图幅划分为例,说明具体操作。

(1)设置起点坐标值,如图 6-40 所示。

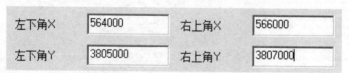

图 6-40　设置起点坐标值

(2)将比例尺分母设置为 2 000,将分幅方式设置为"矩形分幅-公里格网"方式,勾选"指定图幅大小"选项,分别指定图幅宽度和图幅高度为 1 000,其单位为 m,如图 6-41 所示。

(3)单击"确认"按钮,进入图幅名称命名规则的设定对话框,根据不同比例尺规范要求,设置图幅命名要求,如图 6-42 所示。

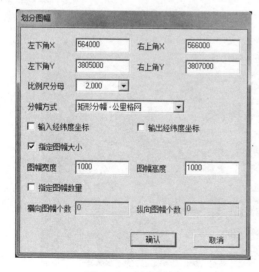

图 6-41　划分图幅

图 6-42　命名规则设置

(4)单击"确定"按钮,生成图幅图廓,如图 6-43 所示。

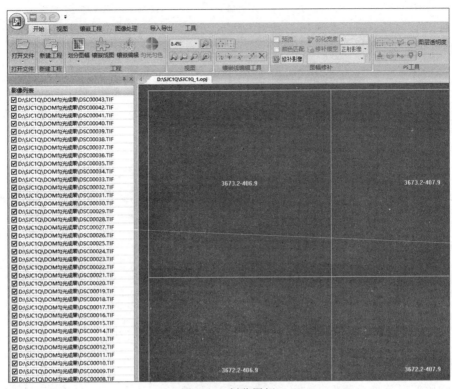

图 6-43　划分图幅

2. 镶嵌成图

单击"开始"→"镶嵌成图"命令,进入镶嵌成图模式,如图 6-44 所示。

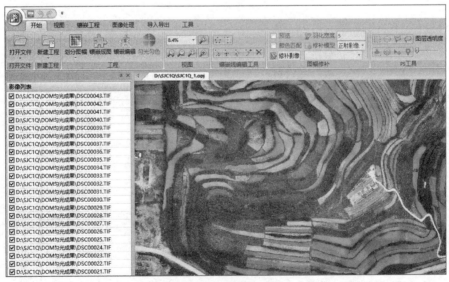

图 6-44　镶嵌成图模式

镶嵌成图时,程序自动生成图幅文件,如图 6-45 所示。

图 6-45　图幅文件

(八)数字正射影像图接边

在生产过程中需要对相邻作业区 DOM 进行接边处理,这里以 EPT 软件为例,介绍相关流程。

1. 创建接边工程

打开 EPT 软件,单击"开始"→"新建工程"→"新建图幅接边工程"命令,弹出"接边设置"对话框。

将两个文件夹中单幅的图幅数据进行接边(注意:所参与接边的图幅其范围和坐标系统须完全一致)。添加图幅后,单击"确定"按钮,设置接边工程的输出路径及名称,如图 6-46 所示。

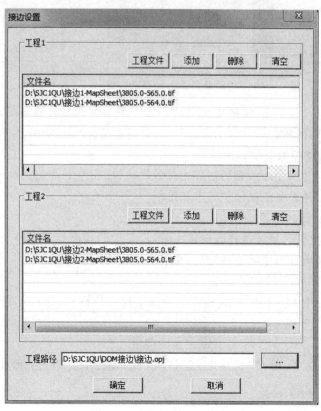

图 6-46　"接边设置"对话框

单击"确定"按钮,弹出"是否刷新金字塔"对话框。选择"是",生成金字塔影像,图幅接边工程创建完成。若选择"否",则接边工程不会生成金字塔影像。

创建图幅接边工程时,支持两种数据的导入:一种是单幅的图幅数据,另一种是有重复数据的镶嵌工程文件(可以是正射影像工程文件,也可以是图幅修补工程文件)。要求所参与接边的图幅范围完全一致,否则无法正常创建接边工程。

接边工程初始化所生成的金字塔影像,是由图 6-46 中工程 1 的影像采样而成。

2. 创建接边线

单击"镶嵌工程"→"接边线"命令,单击鼠标左键开始绘制接边线,穿过 1 行/列所有图幅,最后单击鼠标右键,程序将自动闭合所绘制的区域,如图 6-47 所示。

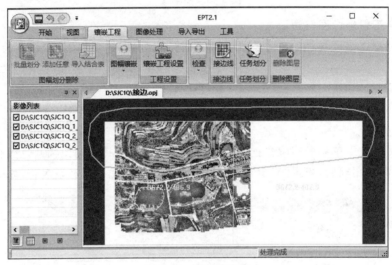

图 6-47　绘制接边线

接边线绘制完毕后,单击"镶嵌成图"按钮 ,程序便开始初始化镶嵌线。

接边线所框选的区域是图 6-46 中工程 1 中图幅影像所保留的部分,未被框选的图幅区域会被图 6-46 中工程 2 中的图幅影像替换。

创建接边线时,必须穿过所有图幅才为有效接边线,若绘制的接边线不符合规则,会弹出提示对话框,此时需再次单击鼠标左键重新绘制。

3. 编辑接边线

当接边图幅无重叠区域或重叠区域很小时,边界上的镶嵌线基本不能移动。在处理这样的情况时,需锁定某个方向才能正常处理,在垂直移动关键点时需按住 V 键,再用鼠标拖动结点。而水平方向则需按住 H 键。

说明:接边工程中的关键点不能和普通镶嵌工程一样编辑,接边工程中的关键点只能够移动。

4. 成果输出

接边线编辑完成后,单击"保存"按钮即可,成果数据存放于工程路径 Mapsheet 文件夹下。

(九)成果整理

DOM 成果数据包括:.tif 格式的标幅、.tfw 格式的坐标文件、.dxf 格式的标幅框、.dxf 格式或.shp 格式的镶嵌线,以及 DOM 质检报告,如图 6-48 和图 6-49 所示。

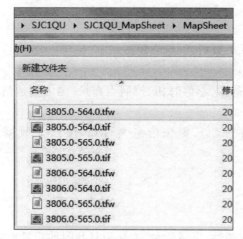

图 6-48　标幅及坐标文件

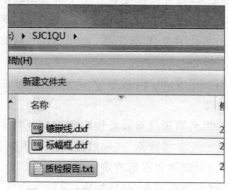

图 6-49　标幅框、镶嵌线和质检报告

五、思考题

1. 航摄像片与数字正射影像图有何差别?

2. 简述常用的数字微分纠正算法及其作业过程。

3. 简述 DOM 制作的流程及各环节涉及的技术要求。

任务二　数字正射影像图成果质量检查

一、任务描述

为使数字正射影像图成果满足应用要求,提交成果前,需对影像的质量、几何精度、分幅数字正射影像图数据之间的接边情况等进行质量检查。本任务主要学习数字正射影像图成果的质量检查内容、检查方法等基本知识和技能。

二、教学目标

(1)掌握数字正射影像图成果质量检查的内容。

(2)能够进行数字正射影像图成果质量检查。

(3)通过数字正射影像图成果质量检查,培养严谨细致、精益求精的职业素质。

三、知识准备

数字正射影像图数据生产应实行质量分级负责管理制度,项目法人单位对整个项目的成果质量负责,项目承担单位对各自承担任务的成果质量负责。生产作业必须严格执行有关技术规定。对数字正射影像图实行产品质量检查验收制度,按照行业规定和项目质量检查验收规定等进行质量检查验收。

具体质检工作可参考行业标准《数字正射影像图质量检验技术规程》(CH/T 1027—2012)。

(一)质检资料

质检前,首先应按照要求提交检查验收的各类资料,一般应包括:

(1)项目设计书、技术设计书、技术总结等。

(2)接合图表,包含图号、地形类别、经纬度范围、影像时相、控制点布设、测区周边情况等信息。

(3)数据文件,包括数字正射影像图文件(.tif)、影像信息文件(.tfw)、元数据文件(.xls)等。

(4)生产所用仪器设备检定和检校资料等。

(5)相关参考数据、过程数据和文档资料。

(二)检查的内容与方法

针对空间参考系、位置精度、逻辑一致性、现势性、影像质量、表征质量及附件质量等内容,根据用户要求和使用目的对 DOM 进行质量检查。

1. 空间参考系

根据技术设计要求,检查数据的平面坐标系统、高程基准、地图投影参数的正确性。

2. 位置精度

1)平面位置中误差

检测点数量视规格、成图范围、地形类别、成果生产方式、平面检测点的获取方式等情况确定,每图幅一般选取 20~50 个检测点。

平面检测点位置应分布均匀,尽量选在影像特征点上,主要包括独立地物点、线状地物或影像明显的脊谷交叉点、地物明显的角点或拐点等。

平面检测点主要通过野外实测和已有成果比对法获取:采用 GNSS 测量法或极坐标法采集检测点坐标。当采用 GNSS 测量法观测时,应进行测前、测后与已知点坐标比对检核;当采用极坐标法时,应进行后视坐标检核。利用高精度或同精度的地形图、正射影像图等成果获取检测点坐标。

2)影像接边

利用软件自动检查或调用相邻图幅对比分析重叠区域处同名点的平面位置较差是否符合限差要求。

3. 逻辑一致性

利用程序自动检查或调用数据核查分析 DOM 数据文件存储、组织的符合性,数据文件格式、文件命名的正确性,数据文件有无缺失、多余,数据是否可读。

4. 现势性

对比分析生产中使用的各种资料是否符合现势性要求,核查分析成果的现势性是否符合要求。

5. 影像质量

影像质量检查的具体内容、要求和方法见表 6-2。

表 6-2　影像质量检查的内容、要求和方法

质量子元素	质检内容	质检要求	质检方法
分辨率	地面分辨率	是否符合规范标准及技术设计要求	利用程序自动检查或调用数据核查分析
	扫描分辨率	是否符合规范标准及技术设计要求	利用程序自动检查或调用数据核查分析
格网参数	图幅范围	影像起止点坐标是否符合要求	利用程序自动检查或调用数据核查分析
影像特性	色彩模式	影像色彩模式、像素位是否符合要求	利用程序自动检查或调用数据核查分析
	色彩特征	(1)影像是否存在色调不均匀、明显失真、反差不明显的区域; (2)影像是否色彩自然、层次丰富; (3)影像是否存在明显拼接痕迹,拼接处影像亮度、色调是否一致; (4)影像直方图是否接近正态分布; (5)影像拼接处和相邻图幅接边处影像的亮度、反差、色彩是否均衡一致,影像是否模糊错位	利用目视检查的方法检查分析
	影像噪声	是否存在噪声、污点、划痕、云及云影、烟雾	利用目视检查的方法检查分析
	信息丢失	(1)影像是否存在纹理不清、模糊、清晰度差的区域; (2)影像是否存在亮度及反差过大导致的信息丢失; (3)影像是否存在大面积噪声和条带; (4)影像是否存在纠正造成的数据丢失,地物扭曲、变形,漏洞等现象; (5)影像拼接处是否存在重影、模糊、错开或者纹理断裂现象,建筑物等实体的影像是否完整	利用目视检查的方法检查分析

6. 表征质量及附件质量

检查符号的规格的正确性、配置的合理性,注记的正确性、整饰的正确性和完整性,附件文档资料的正确性和完整性,元数据文件的正确性和完整性等。

四、任务实施

数字测绘产品实施"二级检查,一级验收"制度。可根据组织形式、软件情况、工序情况,分幅、分层或按工序进行全部内容的检查。经过检查修改的数据应转换为最终成果的数据格式,方可上交进行最终检查和验收。

数字正射影像图的生产实行全过程质量控制,作业人员须对生产过程的每一个中间环节进行质量检查,经检查合格后才能进行下一道工序作业,不得有遗漏和错误存在。

作业人员应对自己所做地图产品做 100% 的自查,再由作业人员互查,最后交给内业主管

人员进行过程检查。检查中若有质量不符合要求的，需要返回修改处理后，再次提交检查，直到检查合格为止。当最终检查合格后，可以提交验收申请。验收部门在验收时，一般按照检验批中单位产品数量 N 的 10％抽取样本，可以采取随机抽样，也可以采取分级抽样，抽样产品若检查不合格，需要二次抽样检查。当验收工作完成后，应当编写验收报告。

五、思考题

1. 质检前，应提交检查验收的资料有哪些？
2. 数字正射影像图的质检内容有哪些？
3. 数字正射影像图的质量控制措施有哪些？

任务三　数字正射影像图应用

一、任务描述

数字正射影像图是一种基础的地理信息产品，通过逼真的影像、丰富的色彩客观反映地表现状，与数字矢量地图相比具有底面信息丰富、地物直观、成图效率高、成图周期短等特点。它可用于对数字矢量地图数据的更新，加快地形图的更新速度，可作为背景图直接应用于城市各种地理信息系统，也可与数字矢量地图、文字注记叠加形成影像地图，丰富地图形式，增加地图的信息量，应用于城乡规划、土地管理、环境分析、绿地调查、地籍测量等方面，还可利用数字正射影像图与数字地面模型或者建筑结构模型建立三维立体景观，丰富城市管理、规划的手段和方法。

二、教学目标

(1)了解数字正射影像图的应用范围。
(2)掌握至少一种数字正射影像图的具体应用。

三、知识准备

(一)测绘生产

数字正射影像图是一种既具有地物注记、图面可量测性等常规地形图特性，又具有丰富直观的影像信息的一种图件。

利用数字正射影像图勾绘地物图进行地形生产，就是像片测图，这种技术目前仍然具有生命力。现在很多省份的 1∶1 万地形图，2014 年甘肃省第一次全国地理国情普查等项目都以数字正射影像图为基础进行作业。数字正射影像图信息丰富，现势性、直观性强，不容易产生误判现象，方便了外业识图，大大提高了外业调绘与勘察的工作效率。

数字正射影像图由于制作原因，图上建筑物仍然存在投影误差，但对于低层建筑或小比例尺地形图来说，投影误差可以忽略不计。由于地形图生产周期长、更新速度慢，而数字正射影像图生产周期短，利用数字正射影像图快速修测小比例尺地形图是一种简单、便捷的方法。

(二)三线图的采集与更新

随着地理信息系统应用日趋广泛,发挥的作用越来越大,地理信息产业对基础的地形数据尤其是三线(道路、铁路、河流)数据的需求也越来越大,这就对三线图的精度、现势性以及今后的更新与维护提出了更高的要求。使用传统的修测方法速度慢、精度低,而仅对三线数据进行实测更新,在经济上又存在较大的浪费,因而利用数字正射影像图对三线数据进行更新无疑是经济实用的方法。数字正射影像图地面上每一点都经过投影差纠正,因此,对于道路、河流及铁路数据来说,完全满足成图精度要求。利用数字正射影像图与已有的三线数据叠加,在影像上直接提取数据,就可完成三线数据的更新和维护。

(三)土地变化方面的利用

由于像幅范围大、信息量丰富、获取方便、更新快的特点,数字正射影像图可以及时地为土地决策部门提供土地变化信息。通过系列数字正射影像图的定期(如三年期、五年期、十年期、二十年期、五十年期)对比,可以了解现代城市的建设发展历程,得到城市和环境以及土地利用等方面的发展变化信息,得到相应的土地利用类型分类图,还可以对这些分类图进行数据叠加等处理,获取土地利用动态变化信息。数字正射影像图资料具有宏观、快速、动态、综合的优势,可以为制定国土空间规划和地区经济规划提供自然资源、环境和自然灾害调查与分析评价资料等。所以,数字正射影像图资料是制订国民经济和社会发展计划、国土空间规划和地区经济规划的一种重要基础数据。

(四)城乡规划

在城乡规划设计、建设和管理中,数字正射影像图提供了大量的信息,以直观、翔实的影像反映了许多实地勘测中的盲点,利用数字正射影像图可以更真实、直观地了解城乡的地形地貌及环境状况。同时,将数字正射影像图作为规划底图,使规划内容与周边环境的关系更加清晰。数字正射影像图在旧区改造、历史古建筑保护、城乡重点区域和地区标志性建筑的规划设计中,可以发挥十分重要的作用。

在城乡规划建设方面,可以利用数字正射影像图进行范围的标定,其能及时地提供坐标和相应的面积信息,直观反映该区域的现状与之相关的其他情况。通过数字正射影像图标定区域后,在图上可以进行区域规划建设的效果图和虚拟三维地图设计,在规划设计时就可以知道未来该区域实现所示区域性规划的效果。通过数字正射影像图与地理信息处理软件和规划设计、建筑设计的综合应用,可以精确地设计出未来的城乡风貌。

(五)制作三维景观模型

作为模型化的城市现状的表现形式,城市景观模型对于总体规划设计思想的形成以及把握城市建设和发展的方向,具有重要的作用。传统的城市景观模型是以纸板或其他材料制作的非数字式模型,要想做得逼真,时间和经济成本很高。

用数字正射影像图制作三维景观模型具有非常广阔的发展前景。三维景观模型可以为城乡规划的成功决策提供最基本、最直观的技术支持;电子沙盘景观更加真实,携带更加方便,更新也更加容易,真实的三维景观再现使网上售房冲破了干瘪的广告词的局限;真实、生动的三维景观网上旅游使游客再也不受时间、空间的限制;公安部门的警力部署、电力部门的线路架设、交通部门的管理调度等,三维景观模型都会给予巨大的支持和再现。

四、任务实施

使用 EPT、ArcGIS、Photoshp 软件,以生产××市××镇××村 1∶2 000 数字正射影像

图挂图项目为例,介绍挂图制作流程。

(一)影像匀色

(1)选择 EPT 软件"开始"菜单下"新建工程"→"新建图幅修补工程"命令,如图 6-50 所示,设置参数。

图 6-50　图幅修补界面

(2)选取调色模板标幅进行匀色,如图 6-51 所示。

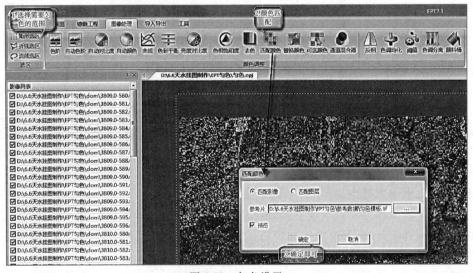

图 6-51　匀色设置

匀色完成后自动保存在标幅文件夹中。

(二)范围确定

在 ArcGIS 软件中,加载匀色后的数字正射影像图的标幅、范围线,确定挂图制作范围,如图 6-52 所示。

(三)制图设置

确定制图综合原则,设置属性及地图页面大小,如图 6-53、图 6-54 所示。

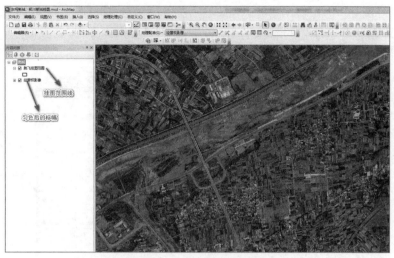

图 6-52 标幅与范围线

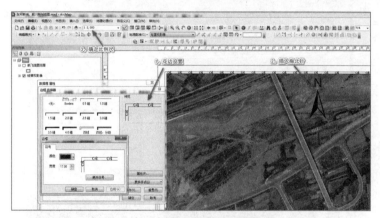

图 6-53 页面视图中设置属性

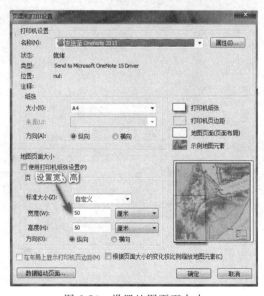

图 6-54 设置地图页面大小

(四)导出底图

在 ArcGIS 软件界面下,单击"文件"菜单下的"导出底图"命令,设置命名、分辨率,单击"保存"按钮,导出底图文件,如图 6-55 所示。

图 6-55　导出底图文件

(五)标注内容

在 Photoshop 软件下标注主要注记内容,如图 6-56 所示。

图 6-56　注记

(六)成果提交

注记完成后,保存底图文件,数字正射影像图挂图处理完成,如图 6-57 所示。

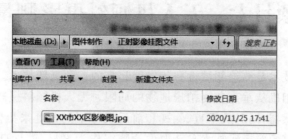

图 6-57　挂图成果

五、思考题

1. 列举数字正射影像图的具体应用。
2. 简述生产数字正射影像图挂图的作业步骤。

项目七　无人机倾斜摄影测量

无人机倾斜摄影技术是测绘领域近些年发展起来的一项高新技术。它打破了以往航空摄影测量只能使用单一相机从垂直角度拍摄地物的局限。无人机倾斜摄影通过在同一飞行平台上搭载一台或多台传感器,同时从垂直、侧视和前后视等不同角度采集像片,获取地面物体更为完整准确的信息。以倾斜摄影技术来获取像片数据作为素材,进行自动化或半自动化加工处理得到三维模型数据的过程,称为倾斜摄影建模,得到的三维模型称为实景三维模型。无人机倾斜摄影测量技术具有分辨率高、纹理信息丰富、可构建真三维等特点,近年来被广泛应用于众多行业。

任务一　实景三维模型生产

一、任务描述

目前实景三维模型已经成为一种新型的基础地理信息数据产品,了解倾斜摄影的相关理论知识,掌握实景三维模型的制作方法是从事测绘工作的必要技能。本任务学习实景三维模型的相关理论知识和数据制作流程。

二、教学目标

(1)掌握倾斜摄影的原理。
(2)掌握倾斜摄影的系统组成。
(3)掌握实景三维模型数据制作流程。

三、知识准备

(一)倾斜摄影测量原理

倾斜摄影测量是指在飞行平台搭载一台或多台影像传感器,从多个不同视角同步采集像片,通过丰富的地表信息制作测绘产品的过程。

通过在同一飞行平台上搭载一台或多台传感器,同时从垂直、倾斜等不同角度采集,得到高分辨率的像片,结合无人机飞行平台搭载的 GNSS/IMU 系统获取 POS 数据,经数据处理软件制作得到数字表面模型(DSM)、数字真正射影像图(TDOM)和实景三维模型等成果。

实景三维模型数据量往往较大,通常会将三维模型成果划分为规则格网(grid),每个格网称为一个瓦片。

(二)倾斜摄影系统组成

1. 飞行平台

倾斜摄影技术在摄影方式上区别于传统的垂直航空摄影,飞行平台需满足以下条件:

(1)能够搭载多镜头摄影相机;

（2）能够低空飞行；

（3）飞控支持多相机同时拍摄。

2. 倾斜摄影相机

用于倾斜摄影的相机有单镜头和多镜头相机，多镜头相机有双镜头、三镜头、五镜头等多种。

相机的性能指标主要有以下几项：

（1）单相机像素。倾斜摄影相机由多个朝向不同角度的单相机组成，通过采集不同角度的图像数据，来获取倾斜摄影建模的像片，单相机像素决定了单角度数据的采集能力。

（2）相机总像素。总像素是多镜头相机非常重要的指标，五镜头相机计算五个朝向相机合计的像素总数，双镜头相机按照曝光模式来决定总像素。例如：双镜头旋转曝光，一组拍摄4张，则按照（单相机像素×4）来计算总像素；双镜头摇摆式曝光，一组拍摄6～8张，则按照（单相机像素×6）或（单相机像素×8）来计算总像素。

（3）画幅大小。画幅指的是传感器尺寸，在同高度使用同焦距的镜头来进行航摄，画幅越大，采集到的地面面积则越大。

（4）镜头焦距。航测相机焦距调焦到无穷远，镜头采用长焦距，保证无人机在相对航高几百米时，仍能获取高分辨率地面影像。倾斜摄影相机的焦距多采用 10.4 mm、16 mm、25 mm、35 mm、50 mm 等，一般推荐定焦 25 mm、35 mm、50 mm 的镜头。

（5）整体重量。倾斜摄影相机的单相机数量越少，整体重量越轻。因此，双镜头相机对比五镜头相机在产品重量上占有一定的优势。倾斜摄影技术发展初期，采用相机集成的方式获取多镜头相机，现在部分厂商在单相机减重拆解上不断进行探索，使得五镜头相机重量越来越轻。

3. 数据处理软件

影像数据处理软件是倾斜摄影三维建模的重要组成部分，它利用倾斜航摄的像片，通过空三加密、控制网平差、多视密集匹配、三角网模型构建、纹理映射等步骤生产实景三维模型、TDOM、DSM 等成果。

目前，用于生产实景三维模型的软件有很多，如 Pix4DMapper、Bentley ContextCapture、Skyline PhotoMesh、Agisoft PhotoScan、PHOTOMOD、Mirauge3D、瞰景 Smart3D、DP-Smart、大疆智图（DJI Terra）、Virtuoso3D、重建大师、nFrames SURE、Inpho 等。

（三）倾斜摄影测量作业流程

倾斜摄影测量的作业流程，如图 7-1 所示。

1. 航空摄影

倾斜摄影测量目前主要有以下两种航线规划方式。

1）多镜头相机的航线规划

对于目前常规的五镜头相机、三镜头相机和双镜头相机，主要采用普通航线飞行即可完成像片采集任务。普通航线飞行如图 7-2 所示。

2）单镜头相机的航线规划

目前单镜头相机也可以实现倾斜摄影测量，但是需要采用井字飞行或者五向飞行以弥补镜头数量不足的缺点。其具体航线如图 7-3 和图 7-4 所示。

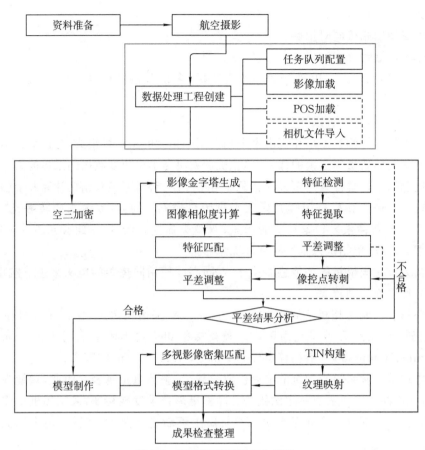

图 7-1 倾斜摄影测量作业流程

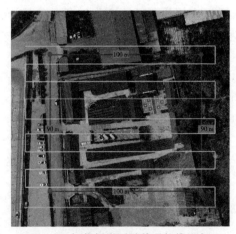

图 7-2 倾斜摄影测量普通航线飞行

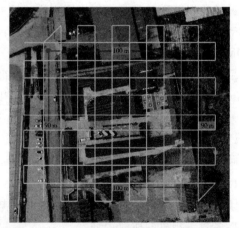

图 7-3 井字飞行

2. 资料准备

(1)像片数据:多种采集手段获取的多源数据。对无人机倾斜摄影测量来说,主要是低空航摄获取的倾斜数据,贴近摄影测量获取的近景数据、机载激光雷达和地面三维激光扫描仪获取的数据及手持数码相机补拍的数据可以作为补充。

（2）POS 数据：记录相机曝光时的位置和姿态。针对目前的设备来说，大部分 POS 数据是直接写入像片中的，如大疆无人机获取的像片；部分则以单独文件存在。按照 POS 数据精度来说，有非差分数据和差分数据，差分 POS 数据精度较高，目前主要有实时差分和后差分两种形式。

（3）相机参数：相机检校报告包含准确的相机参数，包括焦距、传感器尺寸、像素大小、像幅等。如无检校报告，可利用部分空三软件的自检校功能获取近似参数。

图 7-4　五向飞行

3. 数据处理工程创建

新建工程并导入影像和 POS 数据，设置任务路径，完善相机参数。

4. 空三加密

解析空中三角测量是用摄影测量解析法确定区域内所有像片的外方位元素及加密点坐标的过程。

1）影像金字塔生成

影像金字塔生成是指由原始影像按一定规则生成的由细到粗不同分辨率的影像集的过程。金字塔层级就是影像集的层数。

影像金字塔创建的目的为：①生成金字塔索引，便于在调用局部影像时快速显示；②便于特征检测、提取等后续空三加密的各个环节，都是从高层逐层计算到 0 层。

2）特征检测

特征检测是提取图像特征点信息。特征检测的结果是把图像上的点分为不同的子集，这些子集往往属于孤立的点、连续的曲线或者连续的区域。特征检测常用的方法如下：

（1）基于模板的方法：利用参数模型或模板来检测特征点。构建各种不同的参数模型或模板，常用来检测具备特定类型的特征点，计算速度较快。

（2）基于边缘的方法：把多边形的顶点，或曲率变化较大的物体边缘上的点作为特征点。因此特征点是物体边缘的集合，对提取算法要求很高，如果边缘定位出现偏差，就会对检测结果造成很大的影响。

（3）基于灰度的方法：利用像素点灰度的局部变化来进行探测，特征点是建立在某种算法上的，灰度变化最大的像素点为特征点。可以利用微分运算来求取像素点周围灰度的导数，以此求出特征点的位置，该方法的缺点是噪声较大。

（4）基于空间变换的方法：利用空间变换获取特性比较容易辨识的特征点，然后在变换空间中进行极值点的检测。通常空间分为尺度空间、频率空间、小波空间等。尺度空间是指在曲率尺度或差分高斯金字塔尺度空间，将搜索到的绝对值最小或最大的点作为特征点；频率空间是指将计算得到的局部相位或特定相位值最大的点当作特征点；小波空间是利用小波系数的局部极大值,利用最佳尺度进行极值点检测。

3)特征提取

特征提取是从原始特征中找出最有效的特征点。

4)图像相似度计算

图像相似度计算主要对两幅图像之间内容的相似程度进行打分,根据分数的高低来判断图像内容的相近程度,也被称为影像相关。图像相似度计算的几种方法如下:

(1)直方图匹配:这种思想是基于简单的数学上向量之间的差异来进行图像相似程度的度量,是目前用得较多的一种方法。

(2)数学矩阵分解:图像本身就是一个矩阵,采用矩阵理论和矩阵算法对图像进行分析和处理,得到表征该图像矩阵元素值和分布的具有鲁棒性特点的特征,通过得到的特征对图像的相似度进行计算。

(3)基于特征点的图像相似度计算:特征点表征图像中比较重要的一些位置,如果相似的角点数目较多,则认为两幅图像的相似度较高。

5)影像匹配

影像匹配是从左右影像上提取同名像点的过程。将从影像中提取的特征作为共轭实体,而将所提特征属性或描述参数(实际上是特征的特征,也可认为是影像的特征)作为匹配实体,通过计算匹配实体之间的相似性测度,以实现共轭实体的配准。影像匹配的方法有灰度匹配和特征匹配。

6)控制点转刺

在空三软件中将控制点转刺到航摄像片对应的位置上,这一过程称为控制点转刺。通过控制点转刺和计算,可以使实景三维模型具备更加精确且与控制点相同的坐标系统。

7)平差

平差分为无约束平差和约束平差。各种平差方式的功能描述见表7-1。

表 7-1　各种平差方式功能描述

平差方式	功能描述
自由网平差	平差不用任何辅助元素,使用连接点将所有影像连接成一体,解出的物方坐标是虚拟坐标,是相对于第一张影像的相对值,由于没有约束,平差可能会出现弯曲现象
POS辅助光束法区域网平差	平差过程除使用连接点外,还使用了输入的 POS 数据。POS 数据的用途为:为影像提供初始的外方位元素值;作为自由网的约束条件,将自由网平差到 POS 坐标系下,即相对坐标。精度较差,一般为米级或米级以下
GNSS 控制网平差	平差过程除使用连接点外,还使用了输入的 GNSS 数据,精度较高,一般可以达到厘米级精度。GNSS 数据的用途为:为影像提供初始的外方位元素值;作为自由网的约束条件,将自由网平差到 GNSS 坐标系下,得到高精度的相对坐标。此时相对坐标和绝对坐标相差不大,根据项目要求,在误差允许范围内,成果可以直接使用
GNSS 控制网+控制点平差	平差过程除使用连接点外,还使用了输入的 GNSS 数据和控制点数据,GNSS 数据提供高精度的相对坐标,控制点提供更高精度的绝对坐标。二者同时使用,可以在同等精度条件下,大量减少控制点数量,通过设置权重,达到符合项目精度要求的目的

续表

平差方式	功能描述
控制点平差	平差过程除使用连接点外（如有 POS 数据则在相对定向时使用），还使用了控制点作为平差约束条件，将获取的相对坐标系成果转换到控制点坐标系下，一般根据不同比例尺，要求的控制点数量较多
控制点刚体配准平差	参考控制点对区块进行刚性配准，不做几何变形的纠正，在控制点不精确时使用（一般不使用）

8）平差结果分析

分析平差结果的可靠性及精度，常用的几种方法如下：

（1）通过平差报告查看平差结果；

（2）通过导入检测点检测空三精度；

（3）在第三方软件中，恢复立体像对，导入检测点，在立体环境下检测空三精度；

（4）利用高精度地形图、正射影像成果，结合恢复的立体像对，检测空三精度。

5. 模型制作

1）多视影像密集匹配

多视影像密集匹配是在生产 DSM/DEM 时，为了计算测区每个物方点的三维坐标，从而重建整个测区地形而进行的同名点匹配。

倾斜摄影测量的特点是通过多个不同角度对待测地物进行拍摄，采用多视影像匹配，通过大量冗余影像信息，来解决影像匹配中存在的匹配错误问题，可在一定程度上解决被测物体出现遮挡的问题。

2）TIN 构建

TIN 构建是通过匹配得到的特征点，把实际的地形表面连接成互不交叉、互不重叠的三角形，构建区域 TIN 模型，也称为白模。

3）纹理映射

纹理映射是将地物实际的二维图像纹理映射至三维 TIN 模型，提升三维模型的真实感。

（1）纹理映射原理。

通过一种合适的算法为待映射模型表面上的所有顶点赋彩色值，工作过程中将二维图像映射至三维模型，从而使模型具有真实感。

（2）纹理映射方法。

纹理映射主要依据共线方程，即摄影测量基础理论中的物像空间中的物点、纹理影像空间中的像点和投影中心这三点的共线方程。依据共线方程与影像的外方位元素，将三角网上的三个点坐标投影至影像的像方坐标系中，计算出三个投影点的纹理坐标。通过这个三角形在二维影像上形成的区域将所需的纹理投影至三角网上，最后通过处理筛选多幅影像内的纹理，选出贴近现实的模型纹理。

纹理映射的方法有正向映射和反向映射。

正向映射：根据平面影像定义出二维纹理函数，通过映射函数转化为三维物体表面信息，经过投影变换得到纹理映射成果。

反向映射：该方法又称作屏幕空间到纹理平面的映射，主要原理是通过一种先后顺序去访问并获取屏幕空间的每一个像素坐标信息，最后将颜色等属性信息赋予像素。

6. 成果检查整理

成果检查整理项见表 7-2。

表 7-2　成果检查整理项

检查项	检查内容	实景项目规格指标
元数据	数据文件夹下元数据文件是否完整	要求有.xml 文件
模型精度	平面精度、高程精度、地物边长精度、像片分辨率	精度符合设计书要求
纹理映射	纹理是否完整、合理	与实际纹理一致
数据完整性	数据格式和文件组织形式是否与技术设计书要求一致	模型格式为项目合同要求格式
	数据文件夹是否完整，有无损坏、丢失	要求数据文件和坐标文件齐全
时间精度	检查像片获取时间（现势性）	与技术设计书要求一致

（四）实景三维模型常用格式

OSGB：常用的一种三维模型存在格式，是以二进制存储、带有嵌入式链接纹理的数据。数据量比较大、文件碎、文件数量多、金字塔级别高、浏览较顺畅，平台展示和裸眼采集常使用此格式。

OBJ：该文件包括三个子文件，分别是.obj、.mtl、.jpg，除模型文件，还需要.jpg 纹理文件。模型修饰常采用这种格式。

3ds：3ds Max 建模软件的衍生文件格式，可与其他建模软件兼容，也可用于渲染。

DAE：图新地球模型采用这种格式。

DGN：Bentley 公司推出的软件中常用的一种格式，通常被称为 V7 DGN 或 V8 DGN。

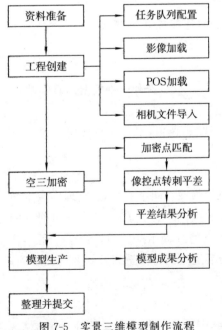

图 7-5　实景三维模型制作流程

四、任务实施

使用畎景 Smart3D 2019 软件，以××村航摄五镜头数据为例进行实景三维模型制作流程的学习。航飞数据完整，POS 坐标系为 WGS-84。控制点采用油漆喷涂，坐标系为 CGCS2000，高程为大地高。需生产格式为 OSGB 和 OBJ 的实景三维模型成果，模型制作流程如图 7-5 所示。

Smart3D 2019 安装后，桌面上会出现三个图标——Smart3D Master 主程序、Smart3D Engine 引擎和 Smart3D Viewer 浏览模块。

（一）资料准备

准备以下资料：

像片数据：××村五镜头航摄成果，分辨率为 3 cm。

POS 数据：五镜头像片数据共用一组 POS 数据，坐标系为 WGS-84。

控制点平面坐标系：CGCS2000，按高斯-克吕格 3°分带投影。

控制点高程坐标系：连接 CORS 获取的大地高，未做高程异常改正。

控制点实地照片：采集控制点时拍摄的点位实地照片，一般应包含一张近景照片和一张远景照片。

POS 数据格式为照片名、经度（X 坐标）、纬度（Y 坐标）、高程（H）。要求第一列照片名与影像的命名一一对应，整理好的 POS 数据格式为 TXT 或 CSV，如图 7-6 所示，对应的影像如图 7-7 所示。

pos - 记事本
文件(F) 编辑(E) 格式(O) 查看(V) 帮助(H)

DSC00219.JPG	105.70	34.37	13.69
DSC00220.JPG	105.70	34.37	13.18
DSC00221.JPG	105.70	34.37	12.71
DSC00222.JPG	105.70	34.37	11.9
DSC00223.JPG	105.70	34.37	12.1
DSC00224.JPG	105.70	34.37	12.02
DSC00225.JPG	105.70	34.37	12.56

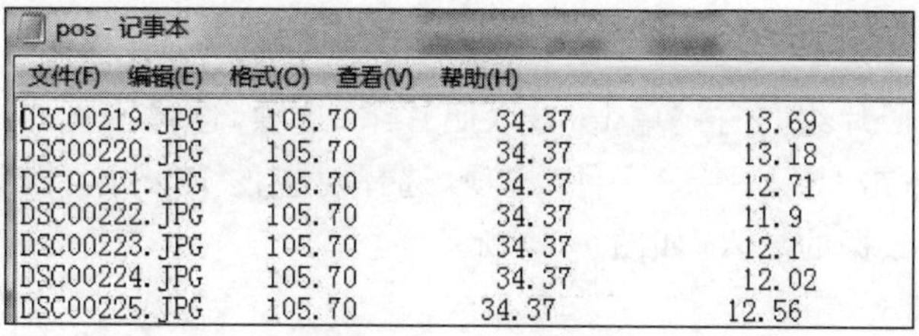

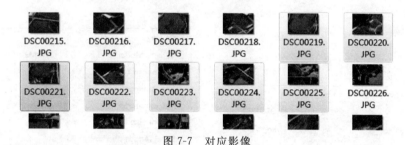

图 7-6　POS 数据格式

图 7-7　对应影像

（二）工程创建

启动 Smart3D Master 主程序，单击"文件"→"新建工程"命令，设置工程名称、工程路径、任务队列路径，如图 7-8 所示，再选择 WGS-84 坐标系统。

具体说明如下。

工程名称：一个工程名称代表一个工程，仅包含一组数据，可提交多个空三任务集重建任务，支持保存工程及导入空三操作。

任务队列：软件存放运行任务及引擎获取运行任务的文件目录，占用空间小，但对磁盘读写速度较高，默认存放于 C 盘，可不修改直接使用。若需要集群运算，则需要将该文件夹制定到共享磁盘。

照片组：提供创建照片组和照片、照片组及 POS 数据导入的接口。支持编辑影像外方位元素及相机内方位元素。

空三任务：创建空三任务，经过解算后可转刺控制点，平差过后，可查看空三报告。

重建任务：空三解算成功后，创建重建任务，软件将自动生成带真实纹理的三维格网模型。

1. 任务队列配置

软件可采用集群作业模式，提交任务的计算机可作为运算机进行数据处理，也可只负责提交任务，运算任务由辅机来完成。

需设置任务提交路径，一般在工程创建时完成。辅机（引擎端）任务路径的设置，查找 C:\Users\Administrator\AppData\Local\soarscape 目录。若无法访问 AppData 文件夹，在文件夹查看选项下，勾选"显示隐藏的项目"，引擎端路径修改如图 7-9 所示。

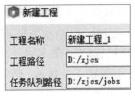

新建工程
工程名称 新建工程_1
工程路径 D:/zjcs
任务队列路径 D:/zjcs/jobs

图 7-8 工程创建

Engine.ini 2020/7/13 9:56
job-config.ini 2020/7/8 16:41
job-config.ini - 记事本
文件(F) 编辑(E) 格式(O) 查看(V) 帮助(H)
E:/job

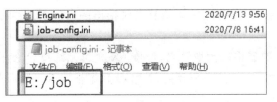

图 7-9 引擎端路径修改

2. 影像/POS 数据加载

工程树下,选择“照片组”,右键单击“导入照片组”选项,选择影像所在文件夹,导入影像。选择“照片组”,右键单击“导入 POS 文件”选项,选择对应的 POS 文件,设置对应的坐标系和字段配置,完成 POS 数据的导入,如图 7-10 所示。

3. 完善相机参数

选中每组照片,然后在属性栏里完成属性的填写,一般需填焦距,其他参数会自动补充完善,如图 7-11 所示。

字段
第1列 影像名 DSC00006.jpg
第2列 X(经度) 105.912276
第3列 Y(纬度) 35.533248
第4列 Z(高度) 2408.61

图 7-10 导入 POS 文件界面

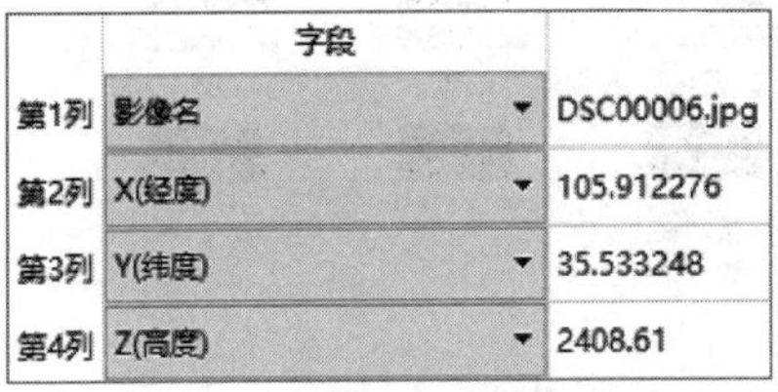

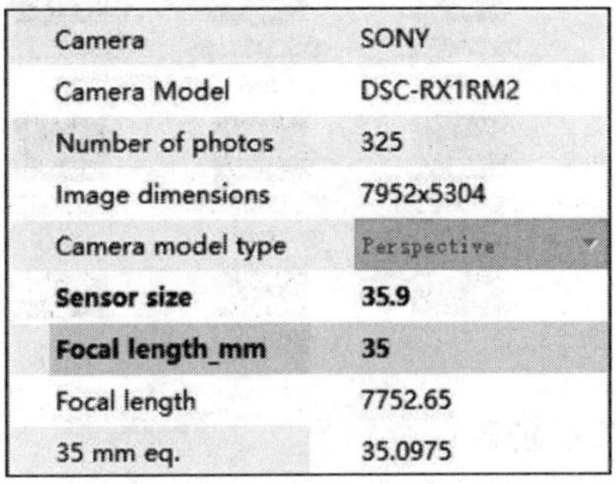

Camera SONY
Camera Model DSC-RX1RM2
Number of photos 325
Image dimensions 7952x5304
Camera model type Perspective
Sensor size 35.9
Focal length_mm 35
Focal length 7752.65
35 mm eq. 35.0975

图 7-11 完善相机参数

说明:

(1)导入影像可直接导入像片,也可选择像片所在的文件夹,软件会自动将文件夹内的像片全部一次性导入。

(2)导入 POS 文件时,若导入的所有像片不重名,可一次性导入,若有像片存在重名,可分别选中每组照片,依次导入对应的 POS 数据。

(3)数据属性中,坐标系的选择根据 POS 坐标系统来确定。

(三) 空三加密

1. 加密点匹配

在工程下面,选择“空三任务”,右键单击 “创建空三任务”选项,创建参数、空三参数设置为全部默认,直接提交空三任务。设置参数可在工程界面的“属性”栏目查看,如图 7-12 所示。

打开菜单栏的“工具”→“引擎管理器”命令,查看运算引擎,此时引擎未开启,打开 Smart3D Engine 引擎,软件会自动读取任务路径。若未自动读取正确的任务路径,可通过“引擎管理器”界面更改任务路径。选择对应的“主机名称”,右键单击“更改任务队列路径”命令,完成任务路径的更改,如图 7-13 所示。

2. 控制点平差

1)控制点文件导入

在完成的空三任务中,打开折叠箭头,选择“控制点信息”,先设置坐标系,通过“导入格式化文本控制点"功能,导入控制点成果。

控制点文件支持多种文件格式,本次作业,控制点按照点号、X 坐标、Y 坐标、Z 坐标的格式编辑,以空格隔开,保存为.txt,导入方式与 POS 数据的导入相同。

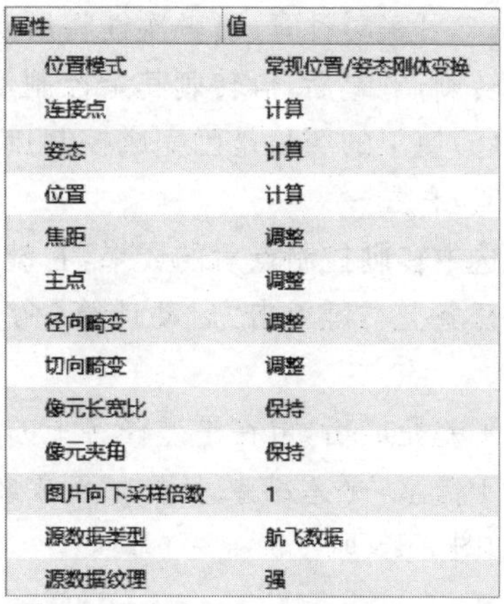

2)控制点转刺

双击选中某一控制点,右侧界面显示"全部照片"栏目,单击"匹配的照片"按钮,软件自动获取可能存在控制点的照片。查看实地照片,在匹配的照片上完成控制点的转刺。通过鼠标滚轮放大和缩小匹配的照片;按住鼠标左键,完成影像的拖动;通过"Shift键+鼠标左键"完成控制点转刺,如图 7-14 所示。

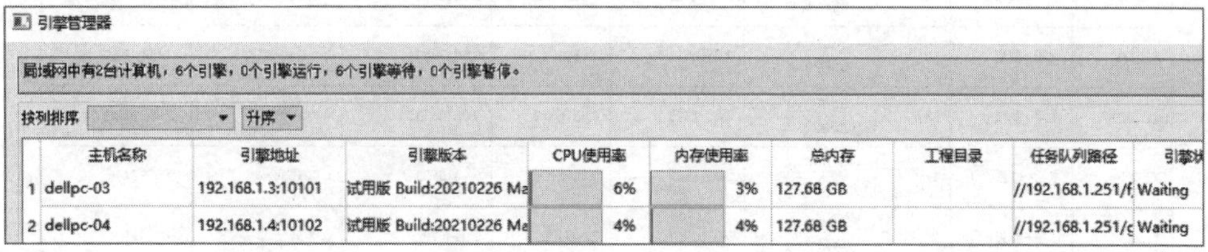

属性	值
位置模式	常规位置/姿态刚体变换
连接点	计算
姿态	计算
位置	计算
焦距	调整
主点	调整
径向畸变	调整
切向畸变	调整
像元长宽比	保持
像元夹角	保持
图片向下采样倍数	1
源数据类型	航飞数据
源数据纹理	强

图 7-12　参数设置

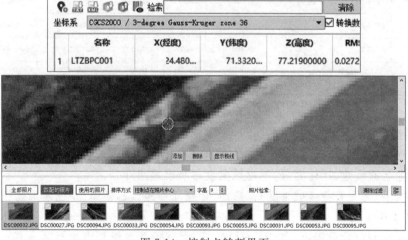

图 7-13　"引擎管理器"界面

图 7-14　控制点转刺界面

说明:

(1)若控制点转刺错误,可选中对应的照片,进行删除。

(2)隐藏核线与显示核线,同名像点必定位于同名核线上,通过核线可以快速获取同一控制点在不同影像上的点位。

(3)同一控制点,转刺 3 个点位可完成其余点位的精准预测,软件通过已转刺的控制点点位实现未转刺点位的实时计算。

(4)可实时计算,可一次性将所有控制点转刺完成,再进行平差,也可完成四角及中心控制点的转刺,平差后,再转刺其余控制点。

(5)使用的照片是已完成控制点转刺的照片。

3. 平差

选中转刺控制点后的成果,右键单击复制空三任务,完成空三成果的复制。复制后,在待平差任务上右键单击"启动计算"命令,选择使用控制点平差,其余参数默认,提交空三平差任务。

平差完成后,可在平差任务上右键单击,选择"显示空三报告",查看平差精度。反投影差小于1像素,平差结果小于0.8像素,即符合平差精度评定标准,空三合格,可以完成后续工作,如图7-15所示。

控制点误差								
名称	类型	照片数	精度(米)	RMS(像素)	RMS(米)	三维误差(米)	水平误差(米)	高程误差(米)
XZZ001	水平+垂直	14	水平:0.01 高程:0.01	0.0378029	0.0292128	0.00130194	0.00129543	0.00013
XZZ002	水平+垂直	36	水平:0.01 高程:0.01	0.0566183	0.0380797	0.00237841	0.00236591	0.000243528
XZZ003	水平+垂直	38	水平:0.01 高程:0.01	0.0771393	0.0276829	0.00306732	0.00300804	-0.00060015
XZZ004	水平+垂直	19	水平:0.01 高程:0.01	0.0333387	0.0470406	0.0010883	0.00103662	0.000331362
XZZ005	水平+垂直	23	水平:0.01 高程:0.01	0.0762901	0.0491791	0.00378039	0.00375572	0.000431257
XZZ006	水平+垂直	10	水平:0.01 高程:0.01	0.065071	0.0351767	0.00256836	0.00256303	0.000165424
XZZ007	水平+垂直	47	水平:0.01 高程:0.01	0.102773	0.0478026	0.00544965	0.00536873	-0.000935666
XZZ008	水平+垂直	33	水平:0.01 高程:0.01	0.102235	0.0360418	0.00506946	0.00459493	0.0021415
XZZ009	水平+垂直	17	水平:0.01 高程:0.01	0.0808571	0.0387401	0.0034999	0.0032826	-0.00121401
XZZ010	水平+垂直	28	水平:0.01 高程:0.01	0.0795043	0.0395047	0.00424972	0.00398533	0.00147556
RMS				0.0745816	0.0394767	0.00352902	0.00338627	0.000993585
中位数				0.0771393	0.0387401	0.0034999	0.0032826	0.000243528

图 7-15　控制点平差报告

(四) 模型制作

以空三加密成果为基础制作模型。在瞰景 Smart3D 2019 软件中,实景三维模型的制作主要包括任务名称重建、瓦片划分、重建数据发布和设置四部分。

在工程树下,将平差空三成果展开,选择"重建任务集",右键单击"创建重建任务"选项。

1. 任务名称重建

任务名称可自行设置修改,如"QJS1Q"。瓦片坐标系与控制点坐标系保持一致,此处设置为 2000 国家大地坐标系,高斯-克吕格 3°分带,中央子午线 105°。

2. 瓦片划分

瓦片划分方式:选择"水平划分"方式,包围盒范围可通过"编辑包围盒"命令进行修改。

瓦片内存设置:一般大小设置为建模计算机最低配置内存的 1/2,避免建模过程中内存溢出,导致任务失败。

瓦片大小:通过瓦片内存设置来确定瓦片大小。

设置瓦片原点:这个设置,一般在多架次数据接边时,为了使接边瓦片命名不重不漏,才进行设置。本次任务区面积小，一个空三就可以完成成果的生产，因此不设置瓦片原点，如图 7-16 所示。

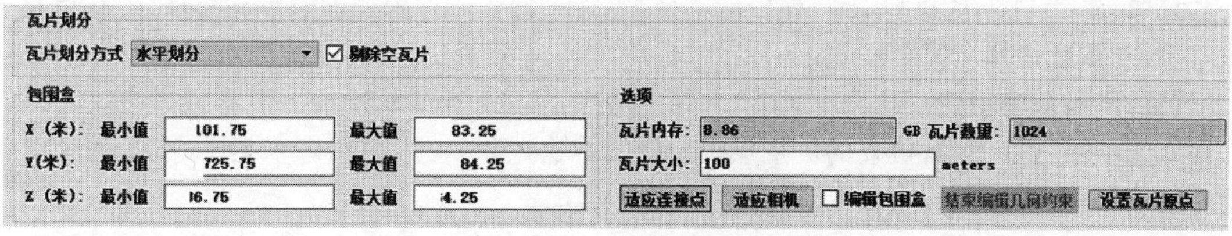

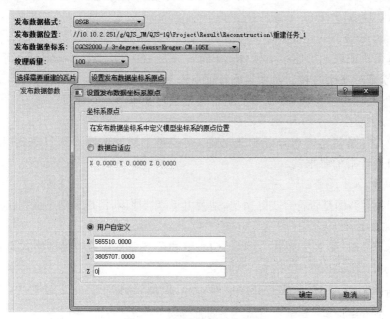

图 7-16　瓦片划分设置

3. 重建数据发布

发布数据格式：一般通用格式为 OSGB，成果多数用于测图、模型发布等；OBJ 格式一般用于模型精修。本次生产 OBJ 和 OSGB 两种成果。

发布数据位置：默认建模成果的存放位置。

发布数据坐标系：坐标系统与控制点坐标系统一致。

选择需要重建的瓦片：选择需要建模的瓦片，可以通过三维选择窗口选择，也可以不选择，生产所有的瓦片。

设置发布数据坐标系原点：多个区接边，要求多个区共用同一套坐标系原点，这个原点的坐标加上模型中的小坐标，才是准确的地理坐标。本次作业选择用户自定义，自行设置该原点坐标，如图 7-17 所示。

图 7-17　重建数据发布设置

4. 设置

任务优先级：可以通过"高""中""低"设置来决定任务的优先级。

几何精度：可通过几何精度的设置，改变模型的贴图效果。几何精度越高，占用资源越多，效率越低，模型贴图效果越好。综合项目需求，这里选"精细"即可。

开启压缩：这里默认不开启，选择"否"。

任务提交后,引擎可以自动读取任务,完成对模型的重建。

说明:生产 OSGB 和 OBJ 两种格式的模型,为了便于后期模型的修饰和单体化,在设置参数时,所有参数设置应完全一致。

(五)模型质量检查

由于项目需求不同,检查的侧重点也不同。本次成果,一方面用来采集 1∶500 的全要素地形图,另一方面需要作为成果进行展示。

1. 查看元数据

打开模型成果文件夹下的 .xml 文件,查看成果坐标系与控制点坐标系、项目要求坐标系是否一致,模型发布原点是否合适(在模型需要接边、项目设计书明确指定原点坐标时应查看),如图 7-18 所示。

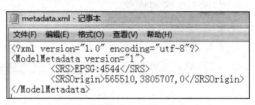

图 7-18　模型元数据示意图

文件中,SRS 是空间参照系,可在浏览模块、建模模块、ArcGIS 等软件中查看编号"4544"对应的坐标系统;"565510,3805707,0"是模型发布原点。不接边,项目没有具体要求,可以直接使用软件默认值。

2. 绝对精度检查

利用浏览模块或者地形图采集软件(如 EPS、易绘、SV365、MapMatrix3D 等),将控制点、检查点(包括航摄时喷涂的和后期采集的特征点)、对应点位在模型上采集出来,通过比较求其中误差,与精度要求进行比较,查看精度是否满足项目要求。

3. 相对精度检查

通过外业实际量测建筑物的高度、长度等,与模型上量测的距离进行对比,检测相对精度是否符合项目设计书的要求。

4. 纹理映射

检查纹理映射贴图是否符合实际情况,是否由于遮挡原因,出现局部小面积纹理缺失问题。

5. 数据完整性检查

检查瓦片完整性、数据完整性(组织结构完整和范围完整),检查模型格式是否符合设计书要求。

对于水面漏洞、悬浮物、模型拉花等问题,通过模型编辑、单体化进行处理,具体见本项目任务二、任务三的相关内容。

五、思考题

1. 什么是倾斜摄影测量?

2. 目前用于生产实景三维模型的软件有哪些?

3. 倾斜摄影测量的整体流程是怎样的?

任务二　实景三维模型编辑

一、任务描述

软件自动化生成的实景三维模型,存在较多的问题,如道路凹凸不平、树木拉花、存在空洞、建筑物不完整、贴图错位、有悬浮物等,实景三维模型编辑就是为了解决上述问题,使模型成果数据在保证精度的前提下增加美观度。

二、教学目标

(1)会提取修模所需要的数据。

(2)掌握几种常用数据之间的格式转换方法。

(3)掌握实景三维模型编辑及成果导出的方法。

三、知识准备

(一)编辑的对象

倾斜摄影实景三维模型是在 TIN 模型上通过纹理映射生成的地表模型,是包含了地表所有地物的"一张皮"模型。模型编辑的实质是对 TIN 模型及其对应纹理的编辑。

(二)编辑的内容

实景三维模型编辑的内容分为结构编辑和纹理编辑。结构编辑分为删除处理、重构生成、桥接补洞、外部模型植入四部分内容;纹理编辑包括纹理的自动映射及其他编辑处理。

(1)删除处理:删除对象模型底部的碎片、测区范围外多余的数据、悬浮的植被以及道路上明显的漂浮物,如残留的指示牌、路灯、树干等。

(2)重构生成:模型是点云构成的三角面,由于特殊原因的存在,会出现不符合现状的面。需要对其编辑重构。

(3)桥接补洞:桥接补洞是对两个单独的物体通过搭建线(面)将其连接在一起。软件自动生成的实景三维模型因像点匹配不当等因素造成的空洞,瓦片裁切有时会将空洞分到两个瓦片上,被裁切到两个瓦片上的空洞需要进行桥接处理,桥接时只能逐个瓦片进行,不能跨瓦片操作,桥接完成后再进行补洞。

(4)外部模型植入:自动生成的三维数据场景中,有些小物品(如垃圾桶、路灯、运动器材、电线杆等)或者植物会出现变形等不易处理的问题,将这些不易处理的数据进行编辑删除后,将模型库中结构相似的模型数据植入到场景中,使整个场景更加真实美观。

(5)纹理映射:模型编辑、修补之后对编辑区域内的纹理进行贴图,通过纹理映射的方法来实现。采用倾斜空三导出的去畸变像片,利用软件自动匹配技术来实现,自动匹配过程中,若匹配的影像角度有偏移或纹理有瑕疵,需手动挑选最优像片或对已匹配好的像片进行编辑和修饰,提升倾斜三维模型的整体感官效果。

(三)编辑软件

由于软件侧重点不同,处理的模型存在较大差异,需对不同项目采用不同软件对模型进行处理来满足项目需求。目前常用软件有武汉天际航的图像建模软件 DP-Modeler、武汉智觉空间的实景编辑软件 SVSMeshEditor、武汉大势智慧的模型处理软件模方(ModelFun),以及国外 Bentley 公司的几款软件。

下面以我国自主研发的 SVSMeshEditor 实景编辑软件的操作为例进行介绍。

SVSMeshEditor 软件的实景编辑操作界面包括三个板块:文件、显示、编辑。文件板块主要进行工程的输出、输入工作。

(1)使用"新建空三工程"和"导入 Smart3D"模块均为新建工程文件.svp 的方式。

(2)通过"打开实景目录"模块,可以不创建工程文件.svp 直接加载 OSGB 格式的实景模型。

(3)利用"保存实景索引"模块,可以创建一个可浏览的 OSGB 索引。

(4)"保存 OBJ"模块用于保存精编模式中编辑的成果。

(5)不用打开工程文件.svp,只需填上相应的保存路径就可直接输出 OBJ 格式的模型。

(6)利用"批量重建 OSGB"模块,不用打开工程文件.svp,设置对应的路径,就可将编辑好的 OBJ 格式的数据转换成 OSGB 格式的数据。

(7)SVSMeshEditor 软件的常用鼠标操作方法见表 7-3。

表 7-3　SVSMeshEditor 软件的常用鼠标操作方法

功能	浏览状态	量测状态
平移	按住鼠标中键拖动	按住鼠标中键
缩放	滚轮滚动	滚轮滚动
旋转	Alt 键＋鼠标中键	Alt 键＋鼠标中键

四、任务实施

现有××市××镇××村的倾斜三维模型成果,不能满足甲方需求,需进一步修饰。本次任务使用 SVSMeshEditor 软件进行修饰,对用到的数据及操作进行说明。

(一)数据准备

准备的实景三维模型成果一般有 OBJ、OSGB 两种数据格式。除此以外,还要准备三维建模软件导出的空三加密成果文件.mxl 和导出的去畸变照片。

(二)工程建立

根据项目需求,数据的打开方式各有不同。OSGB 格式的数据,可通过创建工程打开,也可直接将存放 OSGB 格式的数据的整个文件夹拖进 SVSMeshEditor 软件进行编辑。OBJ 格式的数据必须以工程方式打开,否则只能逐瓦片打开编辑,且在编辑过程中部分操作命令无法实现。

1. 实景编辑——工程创建

(1)打开软件,在菜单栏中打开"新建空三工程"命令,在主界面菜单栏下单击"导入"命令,导入倾斜摄影空三提供的工程文件.xml,如图 7-19 所示。

(2)数据导入完成后,更改影像的存放路径(倾斜摄影空三提供的去畸变的照片)。影像路径更改完成后,在主菜单下拉命令条中导出工程文件.svp,创建.svp 完成,如图 7-20 所示。

(3)工程创建完成,在主界面工程命令条下使用"加载"命令,加载创建好的.svp 工程,工程菜单栏里显示所创建的工程。单击工程名,右键单击设置为"当前工程",工程子目录下显示倾斜摄影空三的信息。在"航带"信息下右键单击,单击"自动划分航带"命令后确认,如图 7-21 所示。

图 7-19　工程创建

图 7-20　影像路径更改

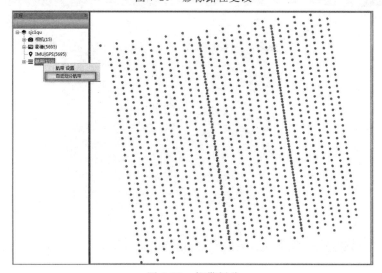

图 7-21　航带划分

（4）工程加载完成后，在文件菜单下使用"打开工程"命令，打开创建的.svp。进行工程设置，将数据格式设置在对应路径下，单击"确定"按钮，如图7-22所示。

图7-22　工程设置

2. 实景编辑——空三工程创建

（1）在"文件"界面下找到"新建空三工程"模块，使用主界面"新建"命令打开"新建工程"对话框，输入对应的工程名和工程存放路径，然后单击"确认"按钮。

（2）对已有数据进行路径设置，两种数据格式应对应。也可依据需求选择需要编辑的数据格式进行编辑。

3. 实景编辑——精编模式切换

精编模式即OBJ格式，单击"选择块"命令（软件默认是全选），按ESC键取消全选。被选中的块显示红色，未被选中的块显示蓝色。根据需求用鼠标左键单击进入精编模式，选好后，单击鼠标右键，隐藏未被选中的块，如图7-23所示。

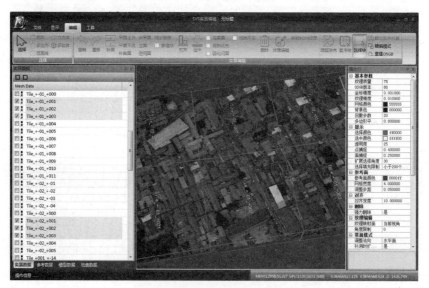

图7-23　精编模式瓦片选择

(三)结构编辑

1. 删除处理

删除处理包括:悬浮物删除、数据边缘修整、模型裁切。

1)悬浮物删除

实景三维模型生产中,如电线塔、电线杆、电线、塔吊等细小有镂空的地物,无法构成连续的三角网,会出现部分地物悬浮、镂空现象,应对产生的悬浮物进行删除处理。不同的数据格式删除处理的操作方法不同,操作方法如下:

(1)对于 OSGB 格式的数据,悬浮物的删除是在"编辑"命令下"选择"工具栏中,找到相应工具,利用"矩形"或"多边形"工具圈选场景中的建筑物范围,而"立方体""多边体""球体"工具用于立体选择,如图 7-24 所示。

图 7-24　悬浮物立体选择

对需处理的数据进行范围选择后,用实景编辑菜单栏下的"悬浮物"命令,右键单击删除悬浮物,如图 7-25、图 7-26 所示。

图 7-25　悬浮物选择

图 7-26 悬浮物删除后

（2）OBJ 格式数据的编辑需进入精细化编辑模块进行处理,使用实景模型"编辑"命令条下的"悬浮物"命令,实现一键悬浮物删除。

2）数据边缘修整

实景三维模型生成中,实际生产模型面积一般大于项目合同面积,因此提交成果时,应按项目需求范围,裁切删除边缘效果较差的模型。

使用"选择"工具,按范围对边缘的数据进行包围选择,选择后删除多余部分,如图 7-27、图 7-28 所示。

图 7-27 边缘修整前

图 7-28 边缘修整后

3)模型裁切

实景三维模型数据因使用领域的不同,部分项目要求精细化程度高,若模型不能满足项目需求,需对模型进行重构,重构后的模型要与场景进行融合,实现利用目的。

(1)对于 OSBG 格式的数据,对单独模型推荐立体模式选择处理,工具有"立方体""多边体""球体",根据需求选取工具,如图 7-29 所示。

图 7-29　立体选择

使用 Delete 键删除所选物体,对删除的物体底面进行补洞操作,将重构的模型数据与场景进行融合。

说明:删除独立地物,使用 OSGB 格式的数据进行编辑(使用"Shift 键＋鼠标左键",上下移动面;使用"Ctrl 键＋鼠标左键",左右移动面),连片建筑物使用 OBJ 格式的数据进行精细化编辑。

(2)对于 OBJ 格式的数据,进行精细化编辑(进入方式前面已提到),使用"选择"工具下的操作命令,选中需要删除的建筑物。对删除物体的底面进行补洞,完成后放入重构的模型与场景进行融合处理。

四种选择方式:①"拉框"为矩形选择工具;②"多边形"为多边形选择工具;③"流线"为自由选择工具;④"多边体"为多边体选择工具。所有选择方式均为透视选择(会把被选择面区域内的场景都选择出来)。

说明:勾选"精确选择"选项之后,用"选择"工具选择当前视角可以看见的面,当前视角看不见的面不会被选中;勾选"扩展选择"选项之后再用"选择"工具选择时,会把同一方向的面一起扩展选中,法线方向不同的面,则不会被选中;勾选"只显示选中集"选项之后,只显示被选中的面,没有选中的面则被隐藏;"填充选择区"功能用于填充选择区中未被选中的区域,仅可填充四周面,如图 7-30 所示。

图 7-30　OBJ 格式数据选择

2. 重构生成

重构生成包括模型空洞修补、模型压平处理、模型修饰几部分内容。

1)模型空洞修补

对于因航摄死角在建筑物等区域出现的空洞、水面、大面积的玻璃墙等弱纹理区域无法重构三角网导致的空洞,和栅栏、栏杆、薄墙体等易穿透的物体形成的空洞,处理这些空洞必须进行三角面的重构,使用"补面"工具进行操作。

(1)对于 OSBG 格式的数据,将需要补面的区域选取合适的选择工具选出范围,然后单击"补面"工具。补面的方式有"补曲面""水平面""空间面"三种,单击鼠标右键,完成补面操作,如图 7-31 所示。

（a）补面前

（b）补面后

图 7-31　OSBG 格式数据补面前后对比

三种补面方式:①"补曲面",根据范围进行补面;②"水平面",选取一个点确定基准面;

③"空间面",选取三个点确定基准面。

(2)对于 OBJ 格式的数据,补面只能逐瓦片进行,选中需要补面的瓦片,单击实景编辑命令下的"补面"工具,进行补面操作(可补的面显示黄色,将鼠标移动到黄边界包围范围内,黄色边变成红色,单击鼠标左键完成补面操作)。补完后是无纹理的三角面,需要进行纹理映射、编辑,如图 7-32 所示。

（a）补面前　　　　　　　　　　（b）补面后

图 7-32　OBJ 格式数据补面前后对比

2)压平处理

选中需压平的对象,单击"压平"命令,根据压平对象选择"水平面""垂直面""空间面"或"指定高程"等命令,确定需对准的基准面。拾取基准面后,单击鼠标右键可压平到对应的基准面上,如图 7-33 所示。

（a）压平前　　　　　　　　　　（b）压平后

图 7-33　压平前后对比

不同模块命令的具体操作方法如下:

(1)水平面:拾取压平物周围地面任意一点确定基准面,根据需求勾选"去重叠""底面优先""弱化闪面""低地不变"等功能。

(2)空间面:拾取压平物周围三处地面点确定一个基准面,根据需求勾选"去重叠""底面优先""弱化闪面""低地不变"等功能。

(3)垂直面:需用"立方体"或"多边体"或"球体"包裹选择立面,拾取两个点确定基准面(平面压平无法使用),使用时必须勾选"对齐到平面"功能。

(4)指定高程:输入高程数值确定基准面。

说明：OBJ 格式数据的处理方式与 OSGB 格式数据的处理方式一致，不再赘述。

3）模型修饰

实景三维模型生产中，受航摄分辨率、航摄角度等因素的影响，部分建筑物墙线会出现圆角的现象，需对建筑物的墙线进行拉直重构处理。软件中对 OBJ 格式数据进行编辑时可以使用墙线拉直的方法绘制墙线，使用墙线拉直命令后软件会自动重构墙线处的三角网。单击鼠标左键，选取墙线两端的两点。若只需一段墙线，选取好之后，直接单击鼠标右键，确认拉直；若需多段墙线一起拉直，可继续单击鼠标左键，选取墙线两端的两点，选取好所有墙线之后，再单击鼠标右键，确认拉直，如图 7-34 所示。

图 7-34 建筑物模型修饰

3. 桥接补洞

修补有角度的空洞或者两个瓦片之间的空洞，编辑的数据为 OBJ 格式数据。选择需编辑的块，单击实景命令条下的"桥接"工具，白色三角网显示的瓦片为未选中不能编辑的瓦片，对选中的瓦片进行桥接操作，完成后选择实景命令条下的"补洞"命令，执行补洞。可以修补的洞以黄色线包围显示，鼠标左键单击范围内区域完成操作。按住键盘上的 Ctrl 键，将鼠标放在地面上选取地面的高程，再单击需要桥接的地方出现桥接点，建议加两个点，然后进行桥接操作，完成后退出"桥接"命令，如图 7-35 所示。

（a）桥接　　　　　　　　　　　　（b）补洞

图 7-35 精细模型桥接补洞

4. 外部模型植入

选中不易编辑成型的模型将其进行删除或者压平后，将模型素材库中相似的模型通过"模型"命令加载到列表中，再加载到相对应的位置进行调整（外部模型也可以是整个场景中较好的模型提取保存的数据），如图 7-36 所示。

（a）植入前　　　　　　　　　　　（b）植入后

图7-36　外部模型植入

（四）纹理编辑

纹理的映射处理一般用软件自动提取影像纹理或借助第三方软件 Photoshop 进行修饰。

（1）自动纹理映射：在 OBJ 格式的数据中，选出需要映射纹理的范围，可以 DOM 为模型映射纹理，也可依据 OSGB 格式的数据映射纹理，也可从空三影像中进行纹理的映射，三者得到的结果一致。

（2）Photoshop 软件修饰：联动 Photoshop 软件进行处理，纹理修补完成后直接更新纹理，纹理路径保存在软件安装目录下。在实景编辑命令下，单击工具栏的"纹理编辑"命令，打开 Photoshop 软件进行纹理修饰，保存更新纹理，修改后的纹理可将原有的纹理贴图进行替换（在纹理编辑前需要设置 Photoshop 软件的存放路径），如图7-37所示。

图7-37　纹理编辑方式

（五）数据格式的转换

精编模式（OBJ）编辑完成后，需要将精编模式中编辑后的瓦片进行"重建 OSGB"操作，将编辑改动后的瓦片同步成 OSGB 格式（OSGB 格式下的编辑无法同步到精编模式中）。保存修改完成的 OBJ 格式的数据后，单击"常规模式"命令，回到 OSGB 编辑界面。单击"重建 OSGB"选项，列表上出现的瓦片都是经过精编模式编辑后的瓦片，工程列表下打勾的瓦片是在精编模式下编辑过的瓦片,单击"处理"按钮,开始重建 OSGB 格式的数据。批量重建 OSGB 格式的数据不需要加载工程,选择好路径进行转换,转换耗时较长。将转好格式的数据移动到大场景数据文件中,任务完成。可通过浏览软件进行数据查看,转换设置,如图 7-38 所示。

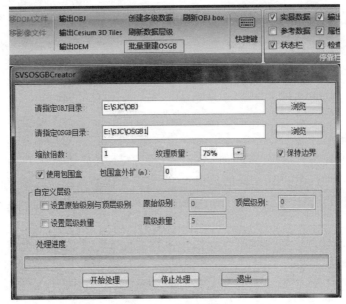

图 7-38　格式转换

五、思考题

1. 实景三维模型编辑的内容有哪些?

2. 什么是桥接补洞?

3. 利用 SVSMeshEditor 软件进行模型的重构生成分为哪几步?

任务三　实景三维模型单体化

一、任务描述

无人机倾斜摄影测量技术自身存在一些局限性。倾斜摄影的模型是依据点云构建三角网,将三角网贴上纹理得到的,在运算过程中没有人工干预。所以,这种处理方式并不会把建筑物、地面、树木等物体进行单独区分。连续的三角网数据无法单独选择使用,是"一张皮",因此需要进行一定的处理来实现"单体化"。对于大多数应用而言,是需要对各类地物赋予属性,并基于地物实体自身及属性实现一些基本的地理信息功能的。因此,单体化成为倾斜摄影模型应用中必须要解决的问题。

二、教学目标

(1)掌握实景三维模型单体化的操作流程。

(2)掌握单体化成果几种格式的相互转换方法。

（3）掌握单体化成果和场景模型数据的融合方法。

三、知识准备

(一)单体化的定义

把需要单独管理的对象（如房屋、路灯、树木等）从倾斜摄影所构建的立体模型中分离出来，形成单独管理的模型的过程。

(二)单体化的解决方法

1. 切割单体化

用建筑物、道路、树木等对应的矢量面，对倾斜摄影模型进行切割，也就是把连续的三角面片从物理上分割开，从而形成单体化模型，如图 7-39 所示。

图 7-39　切割单体化

2. ID 单体化

利用三角面片中每个顶点额外的存储空间，把对应的矢量面的 ID 值存储起来；一个建筑所对应的三角面片的所有顶点，都存储了同一个 ID 值，因此在选中该建筑物时，该建筑物可以呈现出高亮显示的效果，如图 7-40 所示。

图 7-40　ID 单体化

3. 动态单体化

在三维渲染的时候,动态地把对应的矢量面叠加到倾斜摄影模型上,类似于用一个保鲜膜从上到下完整地把对应建筑等物体的模型包裹起来,从而实现可被单独选中的效果,如图 7-41 所示。

图 7-41　动态单体化

动态单体化和 ID 单体化效果相似,但它们实现的技术原理有很大区别。ID 单体化需要预先处理数据,在建筑物所对应的模型上存储同一个 ID 值,而动态单体化则是在渲染时动态绘制出来的。

4. 模型重构

利用倾斜摄影空三加密后提供的数据,对建筑物(构筑物)进行量测,最后形成与原有建筑物(构筑物)结构一致、精度符合要求的模型,如图 7-42 所示。

图 7-42　模型重构

（三）相关处理软件

目前常用的软件有武汉天际航的 DP-Modeler、武汉智觉空间的 SVSModeler 等单体化处理软件。

四、任务实施

现有××市××镇××村的倾斜三维模型成果，需要对其中的一些建筑物进行单体化，本次任务使用武汉智觉空间的 SVSModeler 单体化处理软件对模型中的建筑物进行单体化处理，并对用到的操作及操作命令进行说明，如图 7-43 所示。

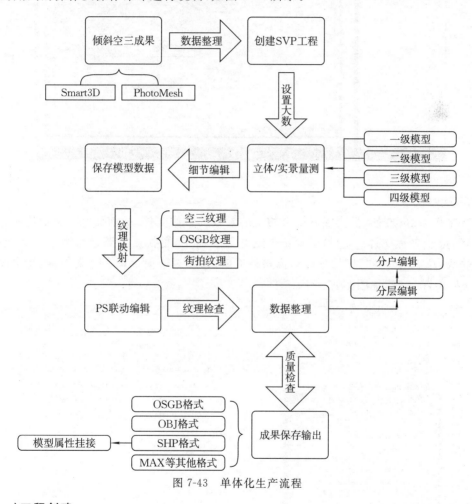

图 7-43　单体化生产流程

（一）工程创建

1. 数据准备

需要准备的数据包括：OSGB 格式数据、三维建模软件中导出的空三加密成果文件（.xml）、坐标文件（.xml）、导出的去畸变照片。

2. 数据导入

导入 Smart3D 2019 空三加密的成果，创建单体化工程（.svp）。

提供的空三工程是 Smart3D 2019 的工程，整理好数据存放路径后，进行数据导入，单击

"导入"命令,如图 7-44 所示。

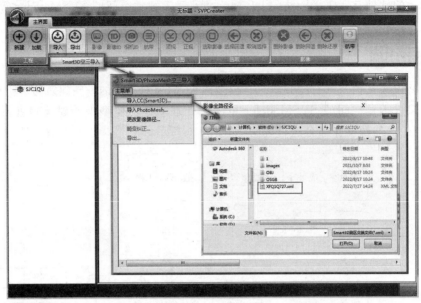

图 7-44　数据导入

3．更改影像路径

工程文件(.xml)导入后会显示每个相机的参数及影像文件,如前面的主界面所示。更改影像路径:由于工程文件(.xml)里面记录的是影像路径,更换影像路径后需重新指定路径。具体操作为:单击"相片组"区域更改影像路径按钮,选择对应像片保存的文件夹,待更改完成后导出 SJC.svp 工程,如图 7-45 所示。

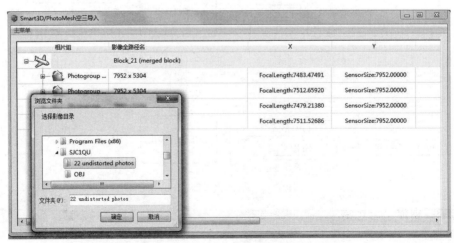

图 7-45　更改数据存放路径

4．航带划分

打开创建好的工程文件,单击"确定"按钮(若前面忘记修改影像路径,也可以在此步操作中修改,修改完成后在影像界面检查路径是否修改保存合适),然后在主菜单下加载工程自动划分航带,如图 7-46 所示。

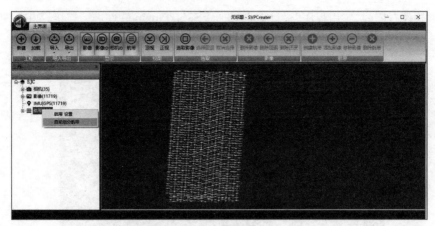

图 7-46　航带划分

5. 创建金字塔文件

单击"加载"按钮,加载生成的 SJC. svp 工程,加载成功后,单击"创建金字塔"按钮,开始金字塔创建,如图 7-47 所示。

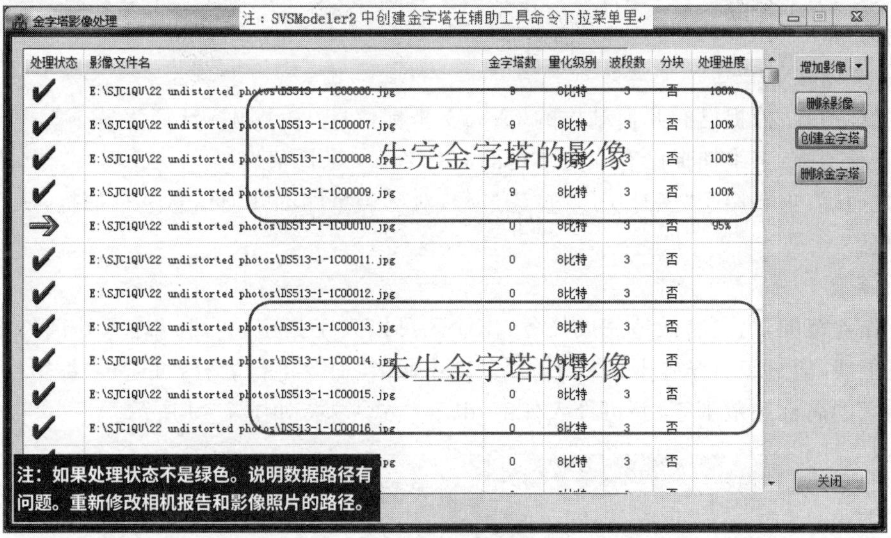

图 7-47　金字塔创建

创建金字塔完成后,进行下一步操作。

说明:复制数据时,因为数据量较大,金字塔创建速度较慢,只需复制任务区范围内的影像。纹理映射需要使用倾斜的影像,为保证纹理映射效果,需选取任务范围线外两条航线的影像。

6. 单体化软件与 3ds Max 软件联动设置

(1)安装插件前首先安装好 3ds Max 软件,在 SVSModeler 软件的"其他"命令条下单击"安装插件"选项,单击"确定"按钮后提示安装成功。单击"启动 3ds Max"命令,启动 3ds Max 软件。

(2)启动 3ds Max 软件后,在 3ds Max 软件下进行设置。使用程序下的配置按钮集,新增一个按钮数,将使用程序中的 SVSMaxPlugin 软件拖到新增的空白按钮里面,单击"确定"按钮。

在 3ds Max 软件右侧的"实用程序"栏目下,单击 SVSMaxPlugin 软件进行连接,如图 7-48 所示。

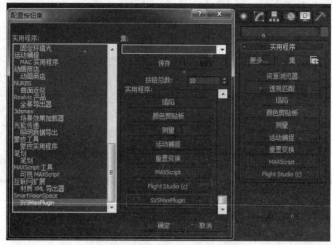

图 7-48　联动建立

建立联动后,对 3ds Max 软件进行单位的设置,在自定义命令下"单位设置"处设置显示单位比例为"米"。

7. 捕捉功能介绍

(1)二维捕捉:捕捉已有几何结构的 (X,Y) 坐标信息,采用测标计算值。

(2)三维捕捉:三维捕捉已有几何结构的 (X,Y,Z) 坐标值。

(3)内捕捉:主要用于"屋脊房屋"重建过程,对已经量测的几何信息进行捕捉,从而方便插入约束信息。

8. 任务区划分

分配作业范围,为更有效地完成任务,作业区可以人工指定,也可以导入外部矢量线。人工划分范围线,通过工具条作业区栏下的"采集作业区"命令进行划分,可通过"编辑作业区"命令修改测区的名称和范围等,并可导入外部.dwg 格式数据,如图 7-49 所示。

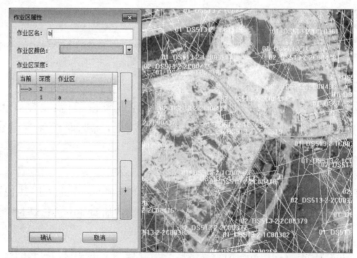

图 7-49　任务区划分

说明：

(1)作业区范围划分可以通过导入 DOM 叠加划分，这样更加直观。

(2)采集作业范围的功能，只能在切换到测区导航视图时才能激活。

(3)设定好作业区后，若勾选"作业区检测"选项，量测的过程中，光标会在超过作业范围的时候，自动变成无法测量的状态。

(二)模型结构编辑

1. 大数平移

数据导入完成后，需要进行大数平移。大数平移是指提供倾斜空三的坐标文件(.xml)，目的是在 3ds Max 软件中操作更加灵活。

说明：大数是指在做空三瓦片分割时设定的一个原点坐标，这个原点坐标可以自己设定，也可以是软件自动解算的数值，考虑多架次之间的接边，需要自己设定，如图 7-50 所示。

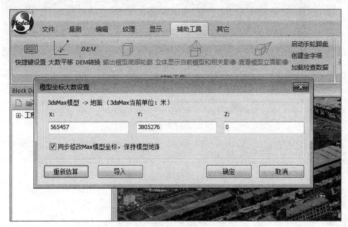

图 7-50　大数平移

2. SVSModeler 软件常用的快捷键

SVSModeler 软件常用的快捷键，如图 7-51 所示。

3. 模型结构的采集

SVSModeler 软件建模有两种量测方式：一种是航测法建模，这种方式对硬件环境要求比较高，需配置三维立体眼镜以及立体显卡显示器等硬件，在立体环境下以三维测图的方式进行建筑物的半自动化建模，立体量测的作业方式与 DLG 的生产方式类似，称为倾斜建筑的三维测图。另一种是在 OSGB 实景三维模型下进行量测，无须三维立体设备进行全方位的旋转量测。以下分别进行讲解。

快捷键	功能
[Z]	影像放大
[X]	影像缩小
[Ctrl] + [Z]	撤销
[Ctrl] + [Y]	重做
[Space] 空格键	高程锁定
[Enter]	查看多视影像
[Shift] + [S]	矢量线隐藏/显示
[Ctrl] + [S]	保存Max文件
[Esc]	退出当前量测
[Backspace]	回退一步
[Ctrl]	实时直角化
[S]	捕捉开关
[F2]	二维捕捉
[F3]	三维捕捉
[F4]	捕捉设置
[D]	插入屋脊点
[F]	插入屋脊边
[G]	结束屋顶量测

图 7-51　常用的快捷键

1)采用立体像对量测模型

立体像对量测模式依据设备需求分为两种量测模式：左右眼立体量测、真立体量测。

(1)左右眼立体量测。

模型量测界面是建模的主操作界面，在界面上通过立体环境，进行建筑物等模型的人机交互量测。通过立体像对来采集建筑物轮廓,然后将鼠标贴至地面,单击左键,确定模型地面位置,再单击右键,结束白膜绘制。利用软件的捕捉工具,捕捉建筑外轮廓点,确保构建模型的精度。左右眼立体量测如图 7-52 所示。

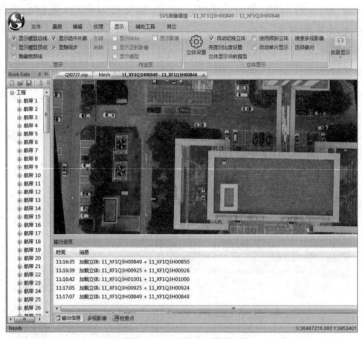

图 7-52　左右眼立体量测

(2)真立体量测。

打开建模工程,在左侧的立体像对列表里选择一个像对,双击打开,然后进行模型量测,如图 7-53 所示。

图 7-53　真立体量测

2)采用 OSGB 实景三维模型进行量测

在工程命令下打开建立好的 SJC.svp 工程,进入工程界面。将 OSGB 实景三维模型通过"打开实景文件夹"功能加载到工程中。

说明:实景三维模型的打开,应选择 OSGB 文件夹,若选择 Data 文件夹,坐标会丢失信息,且无法提取纹理。

导入 OSGB 实景三维模型,采集建筑物顶部轮廓,滚动鼠标,贴到地面,拉出白膜。建模过程中需要根据建筑物结构特点选择对应的量测工具。

基本量测工具介绍如下。

(1)矩形工具。

矩形工具主要用于量测建筑物为矩形的主体结构或者建筑物附属结构。

矩形工具的使用步骤为:①选择创建几何体菜单栏下的"矩形"命令工具;②调节好视差后(只用于立体量测),依次量测屋顶一条边的两个顶点,优先量测较长的边,有利于提高量测精度;③移动鼠标使对边与房屋边线重合,单击鼠标左键确认;④移动鼠标到地面,单击鼠标右键结束,在 3ds Max 软件下对量测出的模型右键单击"转换为可编辑多边形"命令。

(2)多边形工具。

多边形工具主要用于量测主体结构为不规则的建筑物。

多边形工具的使用步骤为:①选择创建几何体菜单栏下的"多边形"量测工具;②调节视差(只用于立体量测),依次左键单击量测屋顶外轮廓顶点,建模过程中可使用 Ctrl 键进行实时角度锁定;③右键单击结束屋顶轮廓测量;④移动鼠标到地面,右键单击结束,在 3ds Max 软件下对量测出的模型右键单击"转换为可编辑多边形"命令。

说明:若量测的建筑物体轮廓并非单纯的多边形,需要灵活切换多边形线的类型,如圆弧、样条曲线来完成外轮廓的量测。

利用"矩形""多边形"等工具,绘制出房屋主体,采用 3ds Max 软件中的"移动""插入""挤出""缩放"等工具制作出建筑物,如图 7-54 所示。

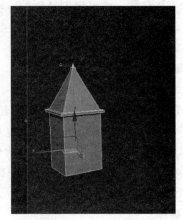

图 7-54　规则建筑物采集

(3)屋脊房工具。

屋脊房工具用于量测屋脊不规则的房屋。

屋脊房工具的使用步骤为:①选择创建几何体菜单栏下的"屋脊房"量测工具;②调节视差

（若外轮廓在同一高程面需锁定高程），单击鼠标左键，依次量测屋顶外轮廓顶点，单击鼠标右键，结束外轮廓量测；③观察构网情况，若屋脊（类似于山脊线）未生成结构线，则需要在内部添加约束信息，若构网未满足实际房屋几何结构，则根据情况插入两种约束信息，在插入约束信息时打开捕捉工具进行操作；④移动鼠标到地面，右键单击结束，在 3ds Max 软件下对量测出的模型右键单击"转换为可编辑多边形"命令。

选择"屋脊房"量测建筑物的主体，打开捕捉（选择"二维捕捉"→"设置边最近点"命令），调整高度绘制人字形，拉出房屋的高度，如图 7-55 所示。

图 7-55　屋脊房的采集

（4）圆柱体工具。

圆柱体建模工具用于量测屋顶为圆形的圆柱、圆锥、圆台。

圆柱体工具的使用步骤为：①单击鼠标左键，依次量测屋顶或者屋底圆周的三个点，量测第一点后默认状态下将打开高程锁定；②调节视差，直到切准圆柱另一边，单击鼠标左键确认。

（5）球体工具。

球体工具的使用方法为：单击鼠标左键依次量测大圆上四个点，量测第一点后将自动打开高程锁定，量测第三个点后自动关闭高程锁定。

小结：OSGB 实景三维模型中量测的方法及工具与立体像对量测模型中的操作类似，区别在于 OSGB 实景三维模型中可任意旋转角度浏览，更加直观。在作业中可根据具体情况进行操作。

（三）纹理映射及编辑

1. 纹理映射

量测完成后将所有的附属结构都附加到主体上，右键单击将其转换为可编辑多边形后，进行模型的纹理映射。纹理可以批量映射，也可以进行同步映射。批量映射是模型停止编辑后整体一键映射，同步映射是在量测过程中软件自动联动到影像进行纹理映射，这种同步操作一般不采用。纹理映射之前需保存 Max 文件，再进行映射。选中需要映射的模型（可以选择一个或者多个同时进行），单击"提取纹理"命令进行批量贴图。

2. 纹理编辑

若纹理出现遮挡或者色彩不符合要求，可使用纹理编辑功能。纹理编辑之前，需先进行提取纹理操作，否则会出现异常。

（1）单击"纹理编辑"命令，进入"贴图纹理纠正"窗口；选中模型或者选中模型的某个面进入"纹理编辑"页面，如图 7-56 所示。

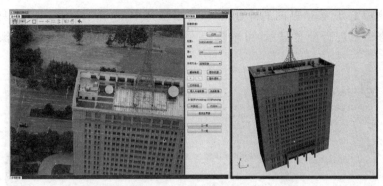

图 7-56　"纹理编辑"页面

（2）选择纹理影像时，可在"多视影像"命令窗口进行影像的挑选，"多视影像"命令以鼠标中心位置搜索所有相关的影像，然后按照优先级列出来。

具体操作说明为：①鼠标落在纹理顶点附近，自动拾取顶点，左键按下并移动鼠标，即可调整顶点；②框选纹理范围线，鼠标移动到面中心的绿色圆点附近，左键按下并移动鼠标即可移动整个平面；③按住 Ctrl 键，选中纹理边线，鼠标移动到边附近，自动拾取，左键按下并移动鼠标即可移动整边；④当各个顶点都对应正确后，选择"提取纹理"命令，即可完成被选中表面的纹理提取。

（3）检查纹理贴图，若需进一步处理，设置 Photoshop 软件路径，打开 Photoshop 软件后进行处理，如图 7-57 所示。

图 7-57　Photoshop 软件路径设置

说明：在 Photoshop 软件里只能进行色彩方面的处理，不能修改纹理图片的长、宽比例，否则纹理坐标会出现异常。

在实际生产过程中，因项目要求高等因素，可在建筑物量测完成后，将外业手工拍摄的照片进行处理后，对量测好的建筑物进行贴图，使模型更加贴近现有状态。

（四）软件检查工具的使用

（1）删除纹理工具：可将自动提取的纹理全部删除，使整个建筑物还原到初始化白膜阶段，根据建筑物外观的纹理进行贴图处理。

（2）剔除无关纹理工具：可将文件夹中与模型无关的纹理贴图自动删除。

(3)检查纹理工具:模型贴图的检查工具,将模型选中,单击"检查纹理"工具后,弹出对话框,就会对检查结果进行分类显示,可依据提示进行修改纹理或者修改模型操作,如图 7-58 所示。

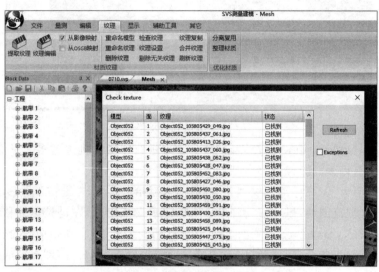

图 7-58　检查纹理工具

(4)纹理设置工具:要求贴图的大小应按 2^n 进行设置,即 4、8、16、32、64、128、256、512、1024……如图 7-59 所示。

(5)纹理合并工具:将整个模型的纹理贴图合并到一个纹理面板,以方便整理纹理数据。

(五)模型和纹理的命名

1. 重命名模型

使用"重命名模型"命令,可批量或单独对场景内的建筑物进行命名。对模型必须按照项目要求进行合理的命名,如"Tile_MX0001"。需要注意,模型的附属结构以及一个完整的院落做完后必须附加到一起,形成一个完整的建筑物,应遵循建筑物与名称一一对应的原则,如图 7-60 所示。

图 7-59　"纹理设置"对话框

图 7-60　重命名模型

2. 纹理贴图的重命名

使用"重命名纹理"命令,可批量修改材质和纹理的名称。根据项目要求进行合理命名,纹理的命名应与模型的命名一致,都以字母和数字的组合方式命名,依据需求添加前缀,除默认的符号外,不能添加其他符号,如"QJS_00001",如图 7-61 所示。

(六)模型成果数据的输出

模型以 Max 格式保存,软件提供导出的文件有 OSGB、OBJ 两种格式,可依据后期平台的要求对数据进行输出,使用格式转换工具对模型进行成果格式的转换,如图 7-62 所示。

图 7-61　重命名纹理

图 7-62　成果输出

(七)场景融合

将转换合适的数据格式直接放入实景三维场景文件夹,通过浏览软件查看数据成果,如图 7-63 所示。

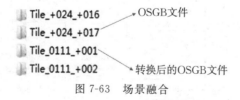

图 7-63　场景融合

五、思考题

1. 什么是实景三维模型的单体化?为什么要进行单体化处理?

2. 单体化的处理流程是怎样的?

3. 单体化的方法有哪些?

任务四　实景三维模型成果质量检查

一、任务描述

任务二和任务三的编辑和单体化,解决了实景三维模型中道路凹凸不平、树木拉花、空洞等美观问题,也使得建筑物、地面、树木等物体可以单独区分,解决了实景三维模型的"一张皮"问题。但是由于人工干预过程中可能出现的一些拓扑错误、纹理错误和其他的错误问题,需要对模型进行进一步的质量检查,以解决此类问题,使生产的实景三维模型能够更好地在地理信息系统中应用和展示。

二、教学目标

(1)了解常见的实景三维模型成果质量检查软件。
(2)掌握至少一种实景三维模型成果质量检查软件的操作流程。
(3)能够对编辑和单体化后的实景三维模型成果做简单的质量检查。

三、知识准备

实景三维模型的成果质量检查主要包括三维模型的自动检查和手动检查两个部分,具体如图 7-64 所示。

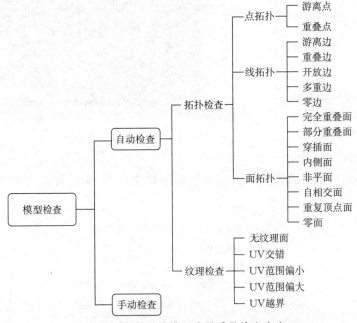

图 7-64　实景三维模型成果质量检查内容

三维模型的自动检查:三维模型的自动检查包括了纹理检查和拓扑检查。其中拓扑检查主要检查点线面的拓扑关系是否有错误。纹理检查主要检查是否有漏纹理的面、UV❶ 交错和 UV 范围偏小、UV 范围偏大、UV 越界等问题。

---

❶　UV 指纹理贴图的坐标,U 表示横向坐标,V 表示竖向坐标。

三维模型的手动检查:根据具体项目需求,由经验丰富的建模工程师对整体模型进行自由视角的检查,并将问题标注在对应位置上。

模型成果质量检查,常用的软件有 SVSCheckTool、DPQ 生产体系质检系统等。

四、任务实施

现有一批经过三维模型编辑和单体化后的倾斜三维模型成果,需要对其模型成果质量进行检查。本次任务使用武汉智觉空间的 SVSCheckTool 单体化软件对模型成果进行质量检查,并对用到的操作及操作命令进行说明。

(一)工程创建

1. 新建工程

软件检查前需创建一个全新的工程文件,如图 7-65 所示。

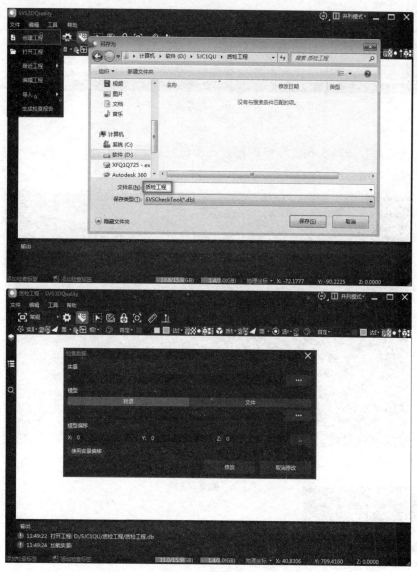

图 7-65 新建工程

检查数据可导入倾斜三维实景修饰成果和三维模型成果,格式支持 OSGB 和 OBJ 两种。

2. 打开工程

打开创建好的工程文件,如图 7-66 所示。

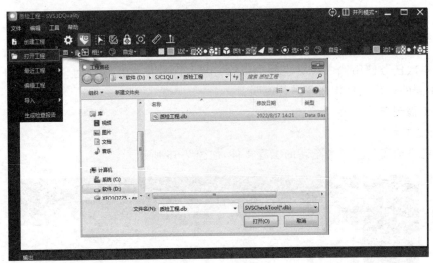

图 7-66 打开工程

3. 编辑工程

编辑工程可对打开的工程文件修改检查成果路径,如图 7-67 所示。注意:必须打开工程才可使用此功能。

图 7-67 编辑工程

图 7-68 自动检查命令

(二)成果检查

成果检查分为两部分,即自动检查和手动检查。

1. 自动检查

自动检查包括拓扑检查和纹理检查,自动检查命令如图 7-68 所示。

1）拓扑检查

拓扑检查主要分为点拓扑、线拓扑和面拓扑检查。拓扑检查界面如图 7-69 所示。

图 7-69　拓扑检查界面

（1）点拓扑检查。

点拓扑检查主要检查游离点和重叠点。游离点是指没有与边关联的点；重叠点是指两点的距离小于阈值的点，如图 7-70 所示。

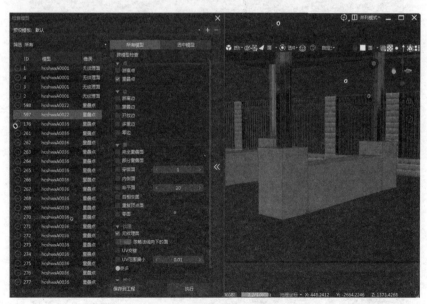

图 7-70　重叠点示意图

（2）线拓扑检查。

线拓扑检查主要检查游离边、重叠边、开放边、多重边和零边。游离边是没有与面关联的边；重叠边是两边的距离小于阈值的边，如图 7-71 所示；开放边是与边关联的面只有一个的边，如图 7-72 所示；多重边是与边关联的面超过两个的边；零边是长度小于阈值的边，如图 7-73 所示。

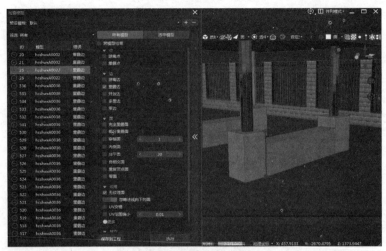

图 7-71　重叠边示意图

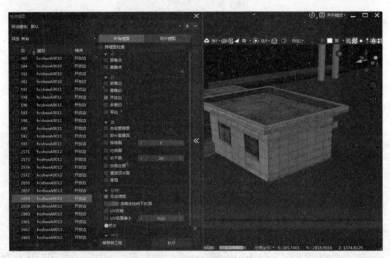

图 7-72　开放边示意图

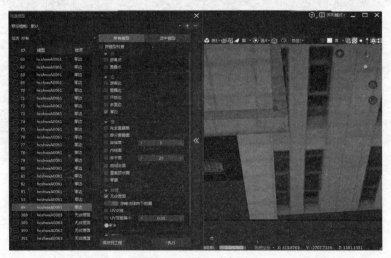

图 7-73　零边示意图

（3）面拓扑检查。

面拓扑检查主要检查完全重叠面、部分重叠面、穿插面、内侧面、非平面、自相交面、重复顶点面和零面。完全重叠面是一个面完全被另一个面包含的面，如图 7-74 所示；部分重叠面是两个部分重叠的面，如图 7-75 所示；穿插面是穿过另一个面的面，如图 7-76 所示；内侧面是面的边都是多重边的面；非平面是面上各点不在一个平面上的面，如图 7-77 所示；自相交面是存在相交的边的面，如图 7-78 所示；重复顶点面是面中同一个顶点出现多次的面，如图 7-79 所示；零面是面积小于阈值的面，如图 7-80 所示。

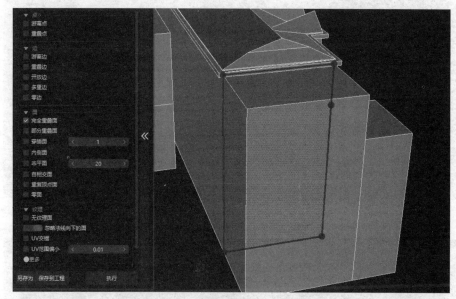

图 7-74 完全重叠面示意图

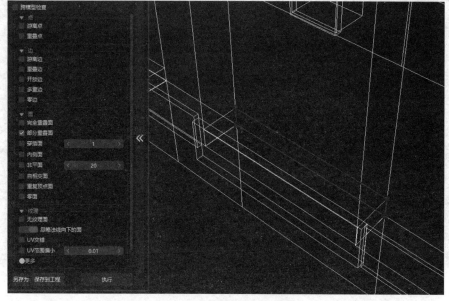

图 7-75 部分重叠面示意图

图 7-76　穿插面示意图

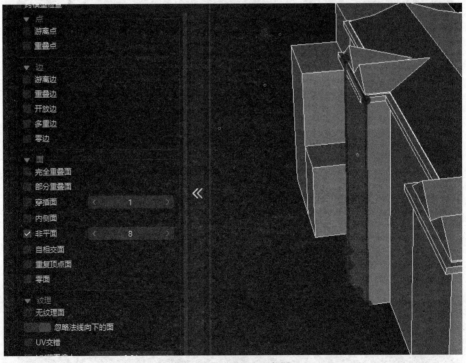

图 7-77　非平面示意图

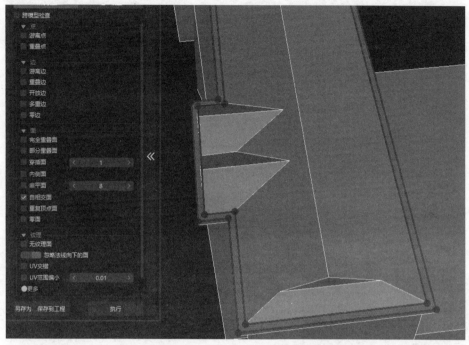

图 7-78　自相交面示意图

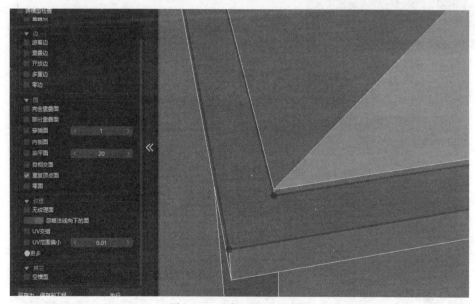

图 7-79　重复顶点面示意图

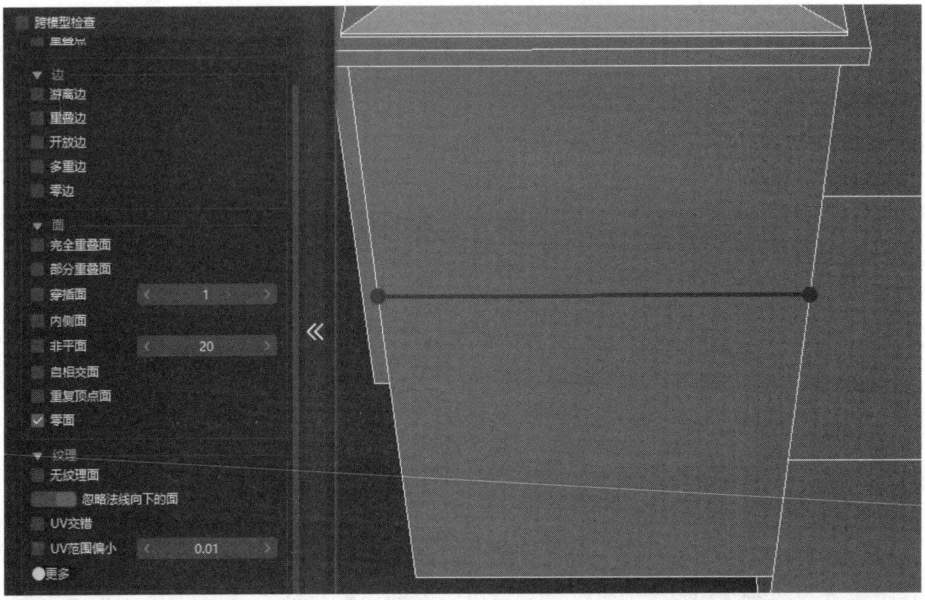

图 7-80　零面示意图

2)纹理检查

纹理检查的内容如图 7-81 所示。纹理检查主要检查无纹理面、UV 交错、UV 范围偏小、UV 范围偏大和 UV 越界等问题。无纹理面是指没有纹理的面,如图 7-82 所示。(注意:在无纹理面的检查操作中,如果勾选"忽略法线向下的面",那么在这个选项之下的选项会忽略朝下的面。)UV 交错是指 UV 的边出现交叉,如图 7-83 所示。UV 范围偏小是指坐标的范围小于阈值,如图 7-84 所示。UV 范围偏大是指坐标的范围超出阈值,如图 7-85 所示。UV 越界是指坐标超出了给定阈值的范围,如图 7-86 所示。

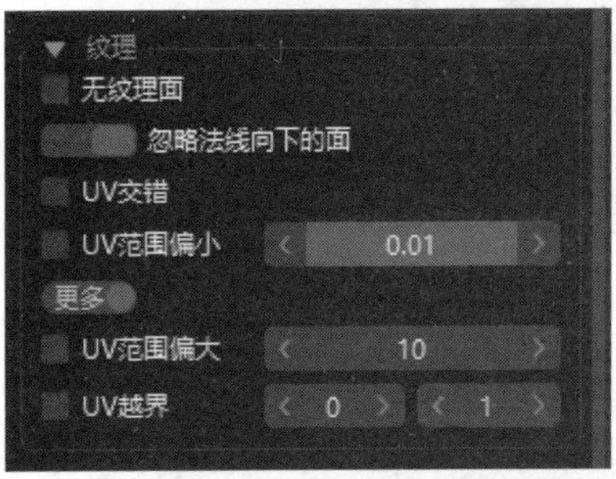

图 7-81　纹理检查内容

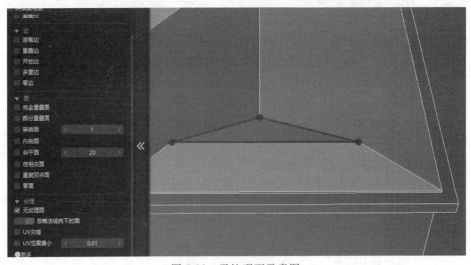

图 7-82　无纹理面示意图

图 7-83 UV 交错示意图

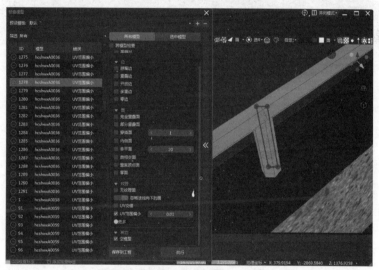

图 7-84 UV 范围偏小示意图

图 7-85 UV 范围偏大示意图

图 7-86　UV 越界示意图

2. 手动检查

根据项目需求,通过人机交互核查比对的方式,对模型是否多余或遗漏、个别房屋模型是否粘连、悬浮物是否删除等相关问题进行手动检查,并以文字形式将问题进行标注。

五、思考题

1. 为什么要进行实景三维模型的成果检查?
2. 三维模型计算机自动检查的内容包括哪些?

任务五　实景三维模型应用

一、任务描述

将孤立的实景三维模型成果通过某一平台进行发布,再结合其他基础地理数据来实现实景三维模型的分析与应用。

二、教学目标

(1)了解常用的实景三维模型发布软件。
(2)掌握至少一种实景三维模型发布软件的操作流程。
(3)能够对发布的实景三维模型成果做简单分析与应用。
(4)掌握 MPT 数据的创建方法。

三、知识准备

MPT 数据是基于 Skyline 软件的 TerraBuilder 模块,利用 DOM 和对应的 DEM 叠加生成的一种描述地形起伏的带有纹理信息的数据。

模型成果的发布,常用的软件有 AR-Explorer、超图、Explorer(伟景行公司)、Skyline、LSV(中科图新公司)、ArcGIS Pro 等。

四、任务实施

本次任务需要对某一区域两期模型进行发布,通过三维实景双屏比对系统分析其变化,对变化面积、坐标进行量测提取。软件采用 Skyline 的 TerraExplorer 和 CityBuilder 模块以及基于 Skyline 二次开发的三维实景双屏比对系统。

(一)数据的转换

确保 OSGB 数据文件夹符合 Skyline 软件要求的命名规则,即 Tile_格式,如图 7-87 所示。

打开 CityBuilder 模块,新建工程,在工具栏"Mesh Layer"的下拉选项中选择"Import OSGB Layer",弹出相应对话框。在"Input folder"后的"Browse"处选择模型所在的文件夹,选择后对

图 7-87　三维模型瓦片命名

话框中的后两项会自动填充。将"Metadata file"中的内容删除,单击"Import"按钮确定,数据开始转换(计算机必须连接外网,否则数据不能转换),如图 7-88 所示。

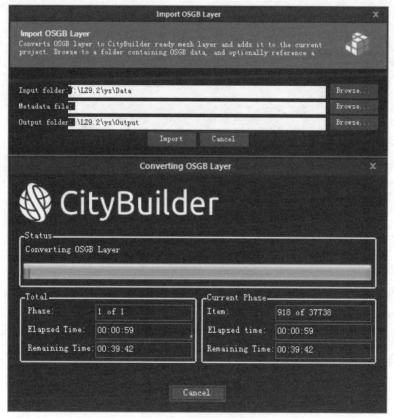

图 7-88　模型数据转换

　　转换完成后,在输出路径 Output 下找到 LODTreeExport. xml。用记事本打开,修改其中的一些参数,其中 4326 是数据成果的坐标系统对应的 EPSG 编号,CGCS2000 105°E 对应的编号为 4544。Local 为模型数据的偏移值,根据实际数据填写,CGCS2000 和 WGS-84 参数软件自带,可自行完成数据的转换,如图 7-89 所示。

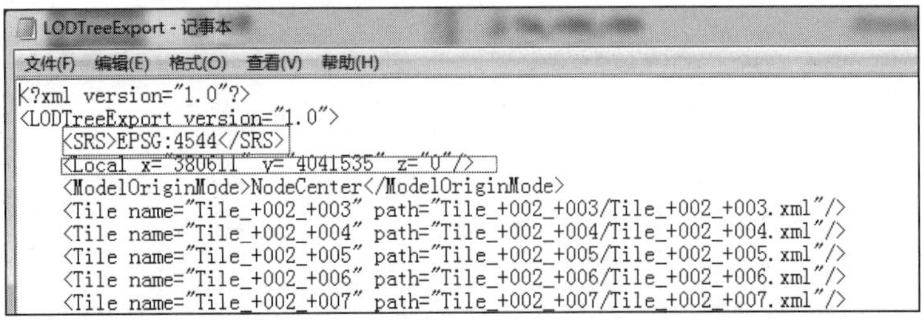

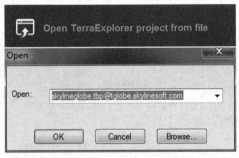

图 7-89　修改 LODTreeExport. xml 中的参数

　　在 CityBuilder 模块的"MeshLayer"的下拉选项中选择"Load PhotoMesh Layer"选项,加载上一步修改后的 LODTreeExport. xml 文件,选择工具栏中的"Create 3DML",在弹出框选择输出路径和名称,保存后开始进行转换,完成后,退出软件。转换后的成果如图 7-90 所示。

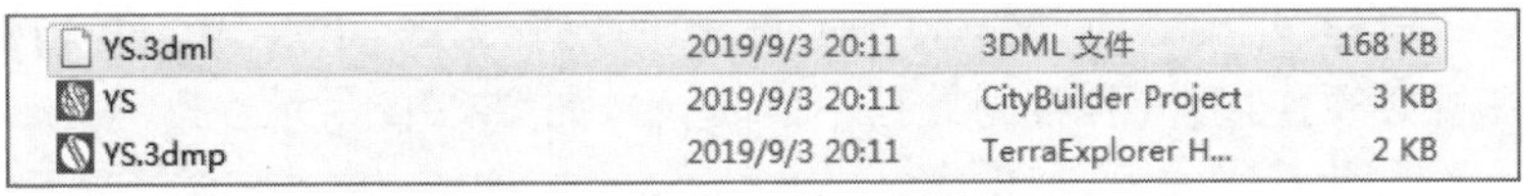

YS.3dml	2019/9/3 20:11	3DML 文件	168 KB
YS	2019/9/3 20:11	CityBuilder Project	3 KB
YS.3dmp	2019/9/3 20:11	TerraExplorer H...	2 KB

图 7-90　转换完成后的成果

(二) 模型的发布

　　转换完成后,打开 Skyline TerraExplorer Pro 模块(连接外网),先加载地形数据,如图 7-91 所示。

Open TerraExplorer project from file

Open

Open: skylineglobe.tbp@tglobe.skylinesoft.com

OK　　Cancel　　Browse...

图 7-91　加载地形数据

　　在菜单栏单击"Home"命令,然后在工具栏选择"3D Mesh Layer",加载上一步生成的 3DML 文件,双击可快速跳转到所在区域,可通过放大缩小视野范围看到模型成果。

　　模型成果和软件自带球体高程基准,分辨率不一致,需多次调试高程值,才可较好地贴合地形数据。选中加载的三维模型后右键单击,单击"properties",找到高程属性,更改高程值。还可加载 DOM、DEM、矢量数据等。

　　快速定位的方法为:单击"Home"下的"location"按钮,如图 7-92 所示,添加位置信息。选中 **wz** 图标,右键单击,单击"Set location for auto-start",选择保存。弹出对话框,保存当前工程,文件后缀为".fly"。下次定位只需双击后缀为".fly"的文件即可。

图 7-92　"Home"下的"Location"按钮

对外发布有时需标注属性信息，发布出去的数据信息更丰富。在"Object"下选择 TEXT 文件，添加建筑名称，通过属性更改字体颜色、大小、高程等。

以上是连接外网时数据发布的步骤，若在无网络环境下发布数据，需制作 MPT 数据。

（三）MPT 数据的制作

所需数据为 DOM 和 DEM。打开 TerraBuilder 模块，在左上角菜单单击"New"命令，新建一个工程，填写工程名和工程路径。"Project Model"下有两个选项，若成果是地理坐标系，勾选"Globe project"选项，若成果是平面坐标系，则勾选"Planar project"选项。本次测试数据为平面坐标系，则选"Planar project"，如图 7-93 所示。

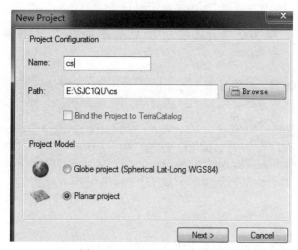

图 7-93　Project Model 选择

新建工程后，添加影像图和 DEM。在"Project Tree"中打开右键菜单，单击插入影像图（Insert Imagery），然后插入 DEM（Insert Elevation），导入后的界面如图 7-94 所示。

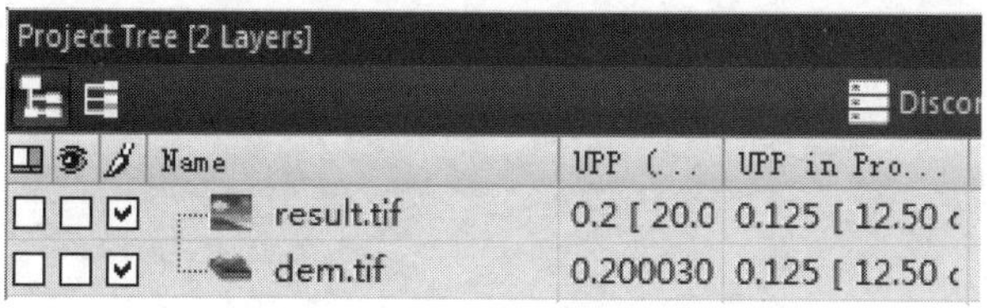

			Name	UPP (...	UPP in Pro...
☐	☐	☑	result.tif	0.2 [20.0	0.125 [12.50 c
☐	☐	☑	dem.tif	0.200030	0.125 [12.50 c

图 7-94　导入影像和 DEM

单击"Create MPT"→"Start MPT"命令，开始创建 MPT 数据，创建完成后，单击菜单下的"View in 3D"工具，查看 MPT 数据，如图 7-95 所示。

MPT 数据相当于 skylineglobe.tbp@tglobe.skylinesoft.com 的离线资源，在无网络时可选择对应地区的 MPT 数据来完成数据的发布，发布过程与连接互联网发布步骤相同。

图 7-95 创建 MPT 数据并查看成果

(四) 双屏对比系统

数据发布后需进行数据分析,在两个窗口对比两期数据,可快速获取发生变化区域的信息,三维实景双屏比对系统可对比分析三维模型、正射影像、地形数据等。利用 Skyline TerraExplorer Pro 模块建立.fly 工程,更改数据路径,如图 7-96 所示。

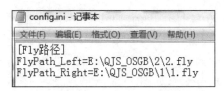

图 7-96 更改双屏对比数据路径

完成后,直接打开三维实景双屏比对系统,选择多屏联动,可对数据进行简单操作,如图 7-97 所示。

图 7-97 双屏对比系统常用功能

五、思考题

结合实际案例,请简单描述实景三维模型的应用领域。

项目八 数字矢量地图

数字矢量地图(DLG)是无人机摄影测量技术生产的核心地理信息产品之一。用无人机摄影测量技术生产的数字矢量地图具有直观、快捷、效率高等优点。目前可采用基于立体像对的立体测图法和基于实景三维模型的裸眼立体测图法生产,本项目重点学习基于立体像对的立体测图法。

任务一 数字矢量地图生产

一、任务描述

基于立体像对的立体测图法的数字矢量地图生产需要佩戴立体眼镜进行立体采集。目前,数字矢量地图的生产已经能够实现采集、编辑、入库一体化。本任务主要学习数字矢量地图的地物地貌要素采集、调绘、编辑和入库等知识和技能。

二、教学目标

(1)会正确表达地形图中各地物、地貌要素的逻辑关系。
(2)能够使用易绘 eFeature 软件生产 1∶2 000 数字矢量地图。
(3)能够使用常用数字成图软件进行地形图编辑操作。
(4)通过完成数字矢量地图的生产任务,逐步养成一丝不苟的工匠精神。

三、知识准备

数字矢量地图是摄影测量的主要数字测绘产品之一,也称为数字地形图,是以点、线、面形式和地图特定图形符号形式,表达地形要素的地理信息矢量数据集。数字矢量地图具有数据量小,方便检索、查询、量测、提取、分层管理、叠加以及单体化表达的优点,在工程建设中应用广泛。常用的数字矢量地图的生产方法有全野外数字测图法、航空摄影测量测图法、地图扫描数字化成图法等。航空摄影测量测图法按拍摄像片的方式不同又分为垂直摄影测量测图法、倾斜摄影测量测图法。

全野外数字测图法是利用全站仪、GNSS-RTK 或两者结合进行外业碎部点采集,配合外业草图,内业利用数字成图软件制图。该方法适合小区域作业,大面积作业效率低、成本高,外业工作时间长、工作量大。

垂直摄影测量测图法即传统的航空摄影测量测图法,是在飞机上用航摄仪器对地面垂直连续拍摄像片,结合地面控制点测量、调绘和立体测绘等步骤,制作出地形图。

倾斜摄影测量测图法是采用倾斜摄影测量技术从多个角度获取测区的倾斜影像数据,利用三维建模软件建立测区的实景三维模型,配合 DEM 数据和 DOM 数据,高程采用自吸附模式,可以摘掉立体眼镜实现裸眼立体测图。该方法为了得到高精度的数据成果,通常采用无人机低空航拍,一般飞行高度控制在 100 m 左右,不适合高楼林立的大都市,优点主要体现在减少外业调绘的工作量,而缺点是倾斜摄影数据采集效率低和内业制图效率低,所以通常与传统航测配合使用。目前普遍用于对地形数据精度要求不严格的测区,如房地一体项目。

地图扫描数字化成图法是利用扫描仪将纸质地图扫描转换成栅格数据,再采用人机交互地图矢量化的生产方式。常用的地图矢量化软件有 ArcGIS、MapGIS 等。

(一)地图、地形图、数字矢量地图的定义

按一定的数学法则有选择地在平面上表示地球表面各种自然要素和社会要素的图通称为地图。地图可分为普通地图和专题地图。普通地图是综合反映地面上物体和现象一般特性的地图,内容包括各种自然地理要素(如水系、地貌、植被等)和社会要素(如居民点、行政区划及交通线路);专题地图则是着重表示自然现象和社会现象的某一种或几种要素的地图,如交通图、水系图等。

地形图是按照一定的数学法则,运用制图综合理论,应用地图符号系统,将地球表面的地物、地貌经过综合取舍,以一定的比例尺缩放绘制在图纸上的正形投影图。地形图是普通地图的一种。

数字矢量地图是按照一定的比例尺将测区内各地物和地貌要素缩小后,经过制图综合,用地图符号表达在图纸上的矢量图形数据。数字矢量地图是地形图上基础地理要素分层存储的矢量数据集,且保存各要素间空间关系和相关属性信息。

(二)地图比例尺

图上任一线段的长度与地面上相应线段水平距离之比,称为地形图的比例尺。常见比例尺有两种:数字比例尺、图示比例尺。

1. 数字比例尺

以分子为 1 的分数形式表示的比例尺称为数字比例尺。设图上一线段长为 d,相应的实地水平距离为 D,则该图比例尺为

$$\frac{d}{D} = \frac{1}{M} \tag{8-1}$$

式中:M 称为比例尺分母。数字比例尺也可写成 1∶500、1∶1 000、1∶2 000 等形式。

2. 图示比例尺

用一定长度的线段表示图上的实际长度,并按图上比例尺计算出相应地面上的水平距离,将其注记在线段上,这种比例尺称为直线比例尺。直线比例尺是最常见的图示比例尺,如图 8-1 所示。

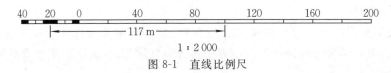

图 8-1　直线比例尺

(三)地形图符号

地图上表示的图形不是地面物体形象的简单缩小,而是使用特殊的符号系统来实现的,这就是地图符号。地图符号赋予地图极大的表现能力,是空间信息的传递手段。在地形图上,地球表面上的自然和社会经济现象用统一规范的符号系统来表示,这些符号总称为地形图图式。图式是测绘和使用地形图的重要依据,目前 1∶2 000 数字矢量地图生产使用国家标准《国家

基本比例尺地图图式　第 1 部分:1∶500 1∶1 000 1∶2 000 地形图图式》(GB/T 20257.1—2017)规定的地形图图式。

地理要素的地图符号表达一般分为点状要素、线状要素和面状要素。从比例尺的角度又可划分为依比例尺符号、半依比例尺符号以及不依比例尺符号。

一般来讲,点状要素多采用不依比例尺的点状符号,也称为独立符号,它是地物依比例尺缩小后,其长度和宽度均不依比例尺的符号,如图 8-2 所示。具有特殊意义的地物,轮廓较小时,就采用统一尺寸,用规定的符号来表示。符号形状以读图方便为准,专门设计符号的定位点:中心点,底线中点,底线拐点等。

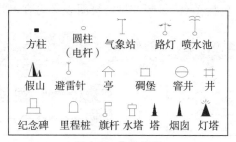

图 8-2　点状符号

线状要素多采用半依比例尺符号,它是地物依比例尺缩小后,中心线位置即长度能依比例尺而宽度不依比例尺的符号,如单线道路、围墙、篱笆、栅栏等,如图 8-3 所示。

轮廓较大,形状和大小可以按测图比例尺缩小的地物,多采用依比例符号,它是地物依比例尺缩小后,其长度和宽度能依比例尺表示的符号,如房屋、植被、池塘、土壤区域等,面状符号中间一般填充地物类型注记符号,如图 8-4 所示。

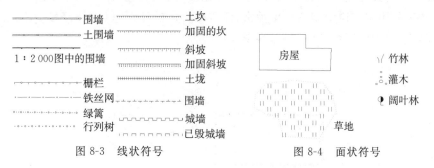

图 8-3　线状符号　　　　　　　　图 8-4　面状符号

(四)地图要素

地图要素即数字矢量地图的内容。一幅完整的数字矢量地图应有数学要素、地理要素和辅助要素。每一种要素在图纸上都有明确的要求及表示方法,DLG 生产项目基本都是按照图式规范要求开展作业,个别要素会根据项目的实际情况进行特殊规定。

1. 数学要素

数学要素是地形图的数学基础,地形图上的所有内容都是建立在地形图的数学基础之上,它在地形图中起着控制作用,能保证地形图必要的精度。主要涉及地图投影、坐标系、比例尺、地图分幅编号等内容。

2. 地理要素

普通地图的主体是地理要素,可以分为自然地理要素、社会经济要素。自然地理要素反映地区的自然现状,即地理景观,主要指地表的自然景色和自然条件,包括水系、土质地貌、植被等。社会经济要素是指人类社会活动的成果,如地区的政治、经济、文化和交通等情况,包括控制点、居民地、交通、管线、境界、独立地物等。

3. 辅助要素

辅助要素也称为整饰要素,是指便于读图、用图并且提高地形图的表现力和使用价值而附加的文字和工具性资料,包括图廓以外的整饰要素和地图注记,以及图内各种文字、数字注记等。

图廓外整饰要素是指位于内图廓以外,为阅读和使用地图而提供的具有一定参考意义的说明性内容或工具性内容,包括图名、图例、图号、接图表等内容,如图 8-5 所示。

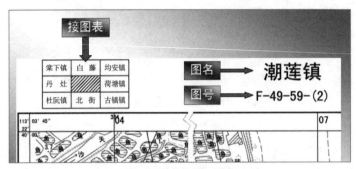

图 8-5　图廓外整饰要素

地图注记的作用是标识各对象,指示对象的属性,表明对象间的关系以及转译。包括名称注记和说明注记。名称注记指地理事物的名称,如注明居民地、河流、山脉、海洋、湖泊等名称的注记;说明注记又分文字和数字两种,用于补充说明制图对象的质量或数量属性。

文字注记是用文字说明制图对象种类、性质或特征的注记,以弥补符号的不足,如表示建(构)筑物功能、林木的树种的注记等,如图 8-6 所示。

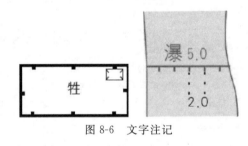

图 8-6　文字注记

数字注记是用数字说明制图对象数量特征的注记,如高程、等值线数值、道路长度、航海线里程等,如图 8-7 所示。

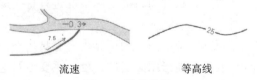

流速　　　　　　　　等高线

图 8-7　数字注记

(五)DLG 生产流程

DLG 的生产流程包括工作准备、航飞摄影、像控测量、空中三角测量、立体测图、外业调绘、地形图编辑、整饰出图等,如图 8-8 所示。

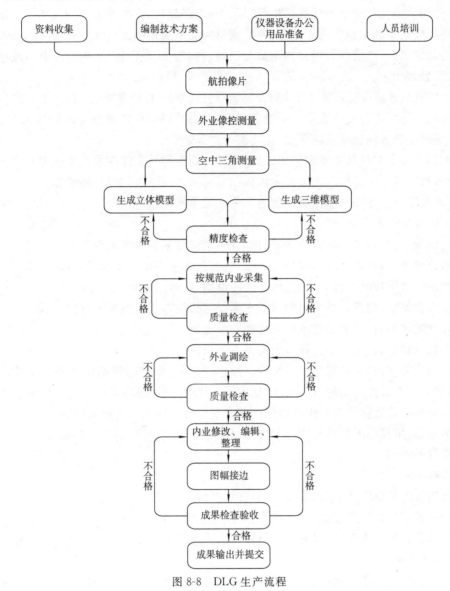

图 8-8　DLG 生产流程

(六)内业采集

根据空三成果创建立体像对模型或实景三维模型,对应的采集方法分为立体采集和裸眼三维采集,两种采集方法对地形的认知判断力和需要遵循的采集原则都是一致的。

1. 地物要素采集原则

(1)在采集过程中,遵循内业定位、外业定性的原则。

(2)除了直接可利用的资料外,所有要素基于立体环境,影像或实景三维模型能清晰采集的尽量采集,原则上不综合表示,可适当取舍,保证所采要素完整齐全、精度可靠。

(3)立体模型的测图范围不应超出该模型测图定向点连线外 1 cm(以像片比例尺计),且距像片边缘不小于 1.5 cm。

(4)裸眼采集前,确保瓦片数据完整。

（5）采集依比例尺地物时，测标应切准地物的外轮廓线，立体采集时切准地物的顶部，三维模型采集时切准地物的模型可任意采集（顶部、中部、底部）。采集半依比例尺和不依比例尺的地物时，测标应切准其定位线或定位点，各要素空间关系要正确。

（6）对阴影、树等遮盖或影像模糊不清无法判读的地物，做出标记，进行外业实地调绘后返回内业编辑处理。

（7）使用折线进行数据采集时应注意及时调整折线参数，使线条流畅、光滑，避免产生冗余。

（8）有向点方向用角度值表示。角度值确定方法：均以国标图式规定的符号为 0°方向（北方向），按照顺时针方向计算旋转角度，角度值为[0°,360°)。

（9）有向线表示在线状要素定位线位置，应保持要素符号主体在采集前进方向的左侧。

（10）面状有符号的要素起始边应为国标图式符号的"长"边，如桥、楼梯等。

（11）涉及军事设施和国家保密单位的名称注记不采集。

2．数据编辑注意事项

（1）居民地层：房屋属性是否正确，注记大小、附属设施的线型是否正确。

（2）道路设施层：道路边线属性是否一致，线宽按地形图比例要求设置，路口线线相交处做打断圆滑处理，整饰按照左虚右实、上虚下实的原则，路面铺装材质用注记表示。

（3）水系设施层：注意单线水渠和双线水渠线宽按地形图比例要求设置。

（4）独立地物层：符号大小按地形图比例要求设置。

（5）管线设施层：符号大小按地形图比例要求设置。

（6）地貌土质层：斜坡需重新生成符号；等高线的线宽要按地形图比例要求设置，道路、河流双线内侧的等高线需打断删除，穿过陡坎的等高线需打断；最后等高线将折线拟合使之曲线圆滑顺畅；高程点需重新展点并按地形图比例要求设置字体大小和保留位数。

（7）植被层：植被范围的骨架线设置为不保留，地类界与陡坎、斜坡、房屋边线、道路等边线重合时，需打断处理。

3．数据接边要求

（1）接边处的数据应连续、无裂缝，图形自然平滑。

（2）同一要素在相邻图幅的位置、属性、关系应正确一致。

（3）符号化数据接边时，应保持符号图形形状特征的正确性，图形过渡自然，避免生硬。

(七)数据检查

内业采集完成后，作业员需从 DLG 采集内容的基本要求、数学精度、属性精度、逻辑一致性、要素完备性等几个方面进行 100%的自检。主要检查内容如下。

（1）点线矛盾。检查高程点与等高线逻辑关系。点线矛盾主要是指点的高程落在相邻等高线之外，点的高程与相邻等高线的高差太大（超过了等高线的间距）或太小（与参数设置中的最小高差有关，某点与其相邻等高线间的高差不大于该值）。

（2）等高线合法性。检查同一条等高线上高程值是否处处相等，等高线的高程值是否为整数倍等高距，等高线是否缺失，计曲线、首曲线的属性是否正确等问题。

（3）线线矛盾。检查特征线与等高线之间的矛盾，当特征线穿越等高线时，等高线之间的那部分特征线的结点高程必须落在前后等高线的高程之间，否则判定为矛盾。等高线穿越陡坎、道路、水系面等地时应断开。

（4）自相交或打折。查询自相交矢量或矢量上结点角度小于设定值的矢量（一般用于等高线的查询)。

(5)重叠地物。

(6)曲线相交(如等高线之间的相交)。

(7)伪结点。伪结点是指不是某条曲线的真正结点,而是通过咬合在一起的,所组成的矢量不是一个整体,而是可以移动的几部分。

(8)悬挂点。当线段两端首尾结点的某个结点与要素不相关时,线状要素上将出现悬挂点。

(9)河流、沟渠流向的正确性。检查其流向箭头的方向是否为高程递减的方向。

(10)注记字体。

(11)高程点、植被符号及各层注记间的压盖问题。

(12)房屋、植被、河流水面等面状地物拓扑问题。

(13)地物表述矛盾,符号交叉,如道路与陡坎、沟渠等符号冲突。

(14)地物是否有漏绘。

(15)图幅接边。

(八)外业调绘

1. 调绘底图制作

(1)将内业不能准确判读或定性等存疑的情况在底图上做出标识,存疑应分为属性存疑和位置存疑,以上两类问题在要素位置上用文字进行说明。需外业调绘和核实的内容应位置准确、说明清晰,对不能遗漏的进行标识。

(2)按照一定比例尺及标准制作分幅图。

(3)利用内业编辑的矢量成果叠加 DOM 制作调绘底图。

(4)调绘底图存储为.JPG,输出比例尺根据项目及调绘工作要求来确定。

2. 调绘的内容

调绘内容分为两部分:一部分是对内业采集时的存疑属性要素进行定性调绘,如交通及附属设施、管线、地貌、植被与土质、地理名称等要素属性;另一部分是对内业采集受地物遮挡或分辨率影响导致看不清、看不准、遗漏的地物进行外业补测。

3. 调绘的方法

像片调绘采用先内后外法,先内业判读,进行内业解译、资料查阅,梳理调绘的内容,再对内业不能准确判读或遗漏采集的地物和地貌要素进行外业调绘;对内业无法获取的要素属性信息进行补调;对所调绘的内容应用不同颜色的笔清楚明了地标绘到调绘底图上。调绘后整理到电子调绘图中。内、外业判读与采集需有效衔接,要保证地形要素表达的完整性和准确性。

4. 调绘的基本要求

(1)调绘应判读准确,描绘清楚,图式符号运用恰当,各种注记准确无误。

(2)若无特殊要求,调绘一般以航摄时间为结点,新增地物不再补调。

(3)测区周边调绘应保证区域完整,对已拆或实地不存在的地物(地貌)进行拆除标识。

(4)对调绘底图上内业漏绘的、影像能定位的地形要素,只作调绘属性项,其位置、形状采取内业立体采集。

(5)对影像模糊、被遮盖的地形要素,受分辨率影响,内业采集看不清、看不准的要素,在调绘底图上进行补调,补调方法可以采用以明显地物点为起始点的交会法或截距法,并在底图上标明相关距离。

(6)对名称注记调绘标注,图内标注不下时,可图外标注。

(7)对于植被外业调绘标注可采用图式符号标注,也可采用汉字标注,汉字标注应符合图式简注要求。

(8)外业调绘、补调时,做到认真仔细,及时自查互校。

(九)内业成果整理

将内业采集的 DLG 数据与外业调绘数据相结合进行汇总修改,对整理完的数据进行最终接边后分幅输出。

1. 内业补充修改

调绘完成后,内业对照调绘图纸将外业调绘的各要素属性数据进行录入;将内业采集时看不清、判不准、遗漏且外业已判绘的地物进行补充编辑,必要时进行立体或模型下补充采集。

(1)居民地:房屋类属性注记、层数的修改,居民地说明注记的补充。

(2)道路交通:铺装材质注记、等级公路以及城市道路注记的补充。

(3)水系:河流沟渠的名称注记、流向的修改。

(4)管线:管线的属性、走向、说明注记的补充。

(5)植被:种植种类的修改、范围的修改、说明注记的补充。

2. 图幅接边编辑

DLG 数据修改完成后,相邻数据应进行接边处理。注意图幅接边处是否做到属性内容一致、线型过渡平滑自然,按要求进行编辑整理;套合地貌数据,协调地貌与地物相关关系,编辑达到入库数据的要求。接边处理原则如下。

(1)接边偏差在限差范围内,优先考虑要素的几何形状,接边点可在该范围内移动。

(2)接边处相互位置偏差大于限差,应分析原因,排除粗差后再作处理。

(3)成图时间不同的数据接边,当接边差超限,且确认新数据无误时,可不接边,在元数据中说明。

(4)在同一测区内,一般规定由本任务区批次数据负责与西、北边之间的数据接边。

(5)相邻数据之间对同一要素进行接边,做到位置正确、形态合理、属性一致:①位置接边,同一要素在任务区批次范围线处相互接边,实交于一点;②形态接边,同一要素接边后保持合理的几何形状,如输电线路、道路、等高线、水岸线等不应在接边处出现转折;③属性接边,同一要素接边后应保证属性完全一致。

3. 坐标转换

坐标转换是空间实体的位置描述,是从一种坐标系统变换到另一种坐标系统的过程。

坐标转换方法有二维转换和三维转换。二维转换方法是将平面坐标(东坐标和北坐标)从一个坐标系统转换到另一个坐标系统,在转换时不计算高程参数。该转换方法需要确定 4 个参数(2 个向东和向北的平移参数,1 个旋转参数和 1 个比例因子)。三维转换方法是利用 3 个以上公共点,通过布尔莎模型(或其他模型)进行计算,实现从一个坐标系统转换到另一个坐标系统,该转换方法需要确定 7 个转换参数(3 个平移参数、3 个旋转参数和 1 个比例因子)。

4. 地形图分幅

地形图分幅是指将测区的地形图划分成规定尺寸的图幅,是为了统一规划测图工作和便于利用、保管地形图。

地形图分幅和编号的方法分为两类：

（1）按经纬线分幅的梯形分幅法（又称国际分幅）。

（2）按坐标格网分幅的矩形分幅法。

5．地形图输出

将数字地形图或经过计算机编辑和地图概括处理的空间信息，采用绘图仪、喷墨打印机等输出为图形。

四、任务实施

基于立体像对的立体测图法生产数字矢量地图，任务实施分为航测外业与航测内业，主要生产流程如下。

（一）航飞摄影

根据生产任务的要求拍摄相应比例尺的像片，航拍前应结合任务情况报审空域，并根据需要做事前像控测量或事后像控测量。

（二）解析空中三角测量

准备像片、像控点、相机文件、POS 数据，通过空三软件进行解析空中三角测量加密，将测区内所有像片进行匹配，计算出立体像对上需要的更多控制点数据，输出外方位元素，恢复立体像对的绝对方位，为立体测图做准备。

（三）创建工程及参数设置

本任务采用易绘 eFeature 软件学习立体测图。

1．资料准备

创建 DLG 采集工程前需准备好原始像片、空三加密成果、DOM 数据、实景三维模型成果、已有的修补测图等资料。

2．创建工程

1）加载工程

打开易绘 MainBar 空间数据生产加工平台，单击"空三导入"，在菜单栏中选择"导入空三"→"SSK/ZI"命令，在"SSK 工程参数设置"对话框中添加"工程路径"及"影像路径"并打开，如图 8-9 所示。

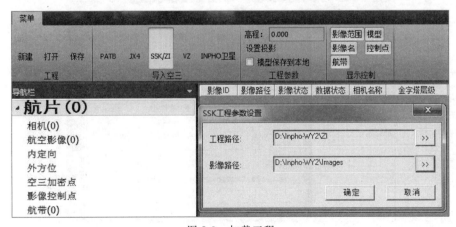

图 8-9　加载工程

2）内定向

在左侧导航栏中右键单击"内定向"，选择"自动内定向"选项，如图 8-10 所示。

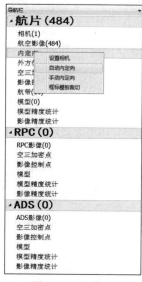

图 8-10　内定向

3）模型生成

在左侧导航栏中单击"航带"，在"工作空间"窗口下选择航带，右键单击"生成模型"命令，以此类推，逐一单击进行模型生成，生成模型后保存工程。

4）新建测区

打开易绘 eFeature 软件，选择"立体测图"模块，在右侧窗口选择"国标 500-2000 测区"模板，设置新建测区保存路径，单击"确定"按钮，此时进入采集界面。选择"配置"→"测区配置"→"地图参数"→"比例尺"→"1：2000"→"确定"命令，如图 8-11 所示，测区新建完成。

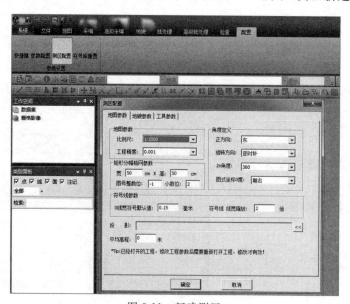

图 8-11　新建测区

5）新建工程

在"文件"下拉菜单中单击"新建"按钮，在弹出的对话框中输入工程名称，单击"保存"按钮，如图 8-12 所示。

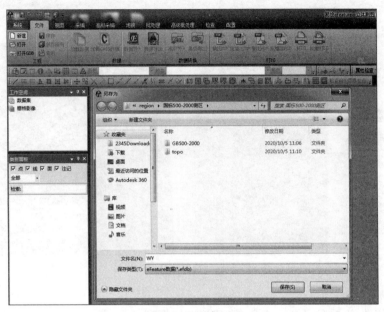

图 8-12　新建工程

3．加载影像

在"工作空间"栏中右键单击"栅格影像"→"添加影像"命令，如图 8-13 所示。

图 8-13　加载影像

4．添加模型

在左侧"模型列表"栏中右键单击"模型管理"→"添加"命令，选择需要添加的模型。

5．打开立体像对

在"模型列表"状态栏中选择其中某一像对，双击打开，如图 8-14 所示。

6．范围线导入

选择"文件"→"数据导入"→"导入 DXF/导入 SHP"命令，在"导入对应关系"对话框中选择需导入的测区范围线，单击"确定"按钮。

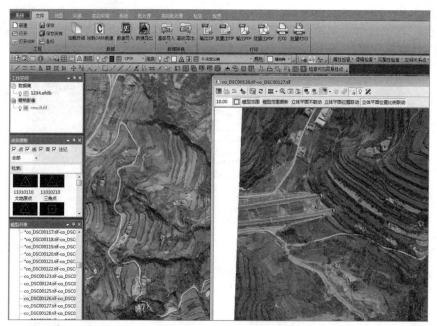

图 8-14　打开立体像对

7. 定向精度检查

正式测图前导入控制点及检查点，使其与立体模型套合，检查定向精度是否有问题，若无问题开始测图。

先在易绘 eFeature 软件中导入控制点及检查点，然后在控制点与检查点位置采集相应的测试点坐标，最后导出检查报告，如图 8-15 所示。

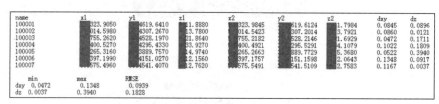

图 8-15　精度检测报告

说明：检测报告中可查看平面较差（d_{xy}）与高程较差（d_z）的最大值、最小值及标准误差值。

(四)数据采集

采集中应做到地物、地貌元素无错漏、不变形、不移位，以测标中心切准各类要素的定位点或定位线。对于存在遮挡或模糊不清的要素，内业无法测定位置时，做出明显统一的标记，以便外业调绘时补测。

1. 点状要素采集

点状地物（独立地物）包括控制点、独立符号、工矿符号等要素，在采集相关点状要素时根据符号的特性采集在其相应的定位点上。

对于电杆、路灯等较明显的独立地物，采用立体判读方式，以相应的要素符号，使测标与地物中心底部相切精确采集。不明显地物由外业补调、内业细判补测、高程点切准裸露地面的高程进行采集。旗杆、路灯的采集如图 8-16、图 8-17 所示。

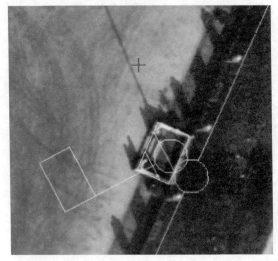

图 8-16　旗杆采集

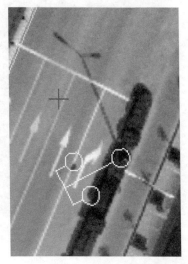

图 8-17　路灯采集

2. 线状要素采集

　　线状要素包括管线、道路、水系、地貌等,在采集时注意地物的形状特征,每个点都应切准地物拐角和地形变化的地物表面处。双线要素沿地物边线采集,单线要素沿地物中心线采集。河流岸线切准常水位地表处,陡坎切准上棱线地表位置,斜坡应采集坡脚线以控制坡长范围。地形变化处适当增加结点,保持线条自然光滑。道路、等高线的采集如图 8-18、图 8-19 所示。

图 8-18　道路采集

　　(1)在道路采集时保持交叉路口处贯通圆滑。

　　(2)等高线作为最主要的地形表达要素,采集时不仅要满足等高线的基本特征要求,如闭合、不相交等,还要用有形的线表达出无形的山体特征,完整准确地重现山体的形状。在采集时按从低往高、先画计曲线再画首曲线的原则进行采集。

3. 面状要素采集

　　面状地物如居民地、植被、水塘等要素,在用两种采集方法采集时各有不同。

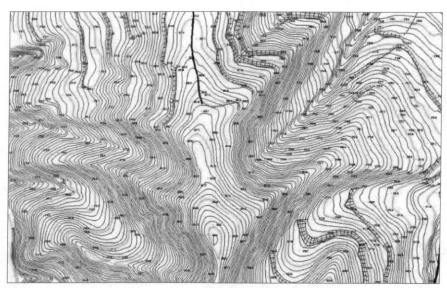

图 8-19　等高线采集

（1）在立体环境下采集时，先找立体感，立体模型中地物轮廓全部可见，用测标中心切准地物外轮廓。居民地及高层建筑的矩形建筑物，测标应切准房屋的房角，直角化采集房屋的最外边沿，非矩形房屋，则不能直角化处理；河流无滩陡岸、湖泊、池塘边线测标切准上沿线位置，有滩陡岸河流岸线切准常水位地表处，水库、山塘测定一个常水位高程。

（2）实景三维模型采集要素时，实时旋转三维视图。采集房屋时测标切准房屋拐角处，矩形房屋直角化采集房屋地基的边沿，非矩形房屋不能直角化处理；水库、池塘测定一个常水位高程；田块按真实边界采集。

面状要素在采集时要保证其封闭性，如部分地物采集中不能构成面时使用地类界进行面闭合。房屋的采集均应按从高往低、先整体后局部的原则逐一采集。房屋、依比例涵洞的采集如图 8-20、图 8-21 所示。

图 8-20　房屋采集

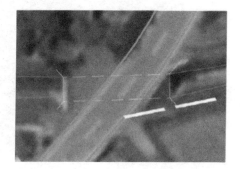

图 8-21　依比例涵洞采集

（五）数据检查

采集完成的 DLG 成果需作业员进行 100% 的自检，主要检查内容见本任务"知识准备"中"数据检查"的相关内容。图 8-22～图 8-25 为部分检查问题示例。

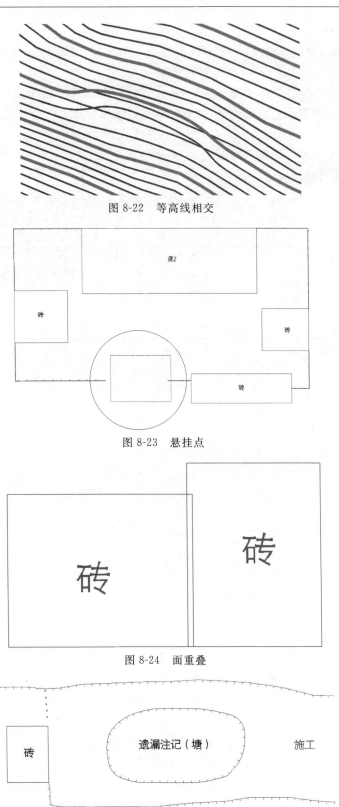

图 8-22　等高线相交

图 8-23　悬挂点

图 8-24　面重叠

图 8-25　注记缺失

(六)数据接边

DLG 数据接边分两种情况：一种为在采集过程中相邻立体像对之间的接边；另一种为采集完成后相邻作业区之间的接边。

采集过程中相邻立体像对之间的接边，需在立体模型下找出相邻像对之间高差变化较小的地方作为最佳采集范围。以此类推，完成采集过程中相邻立体像对之间的接边，从而保证数据的连续性。

根据地形地貌与相邻图幅进行接边，应做到接边一致、属性正确、图形美观，如图 8-26 所示，矩形框内为接边处。

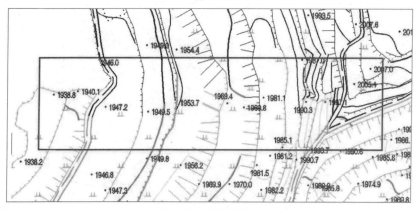

图 8-26　图幅接边

(七)外业调绘

内业定位，外业定性。外业调绘在内业采集工作完成后进行。内业采集、编辑结束后应制作调绘底图供外业调绘使用。实地调绘时，主要对成像模糊、阴影遮挡及内业无法判别的地物地貌进行实地踏勘，并进行补测，同时对内业成图的错、漏问题进行更改，对单位名称及地理名称进行调绘并注记。

外业调绘时对所有地物地貌进行定性，补调隐蔽地物，纠正内业在采集定性方面的错误和丢漏，无法用量距定位的用全站仪或 GNSS-RTK 补测坐标。

调绘时各地物要素的表示应反映实地特征，要素间关系表示应协调合理、要素齐全，以地物的实地位置为准，按照要素选取指标进行综合取舍。

(八)成果整理

1. 内业补充修改

外业调绘完成后，依据调绘成果对内业采集完成的 DLG 数据进行修改和各要素的属性完善，如对内业采集时看不清、看不准、遗漏的房前屋后的陡坎、围墙、路灯，管线的属性、走向及植被种植属性等外业已判绘的进行补充编辑，并在立体环境下补充采集。

2. DLG 精度检测

对 DLG 内业整理完成的最终成果需利用外业检查点进行精度检查。

进入易绘 eFeature 软件，单击"文件"→"数据导入"→"导入坐标点文件"命令，添加检查点文件，然后单击"高级批处理"→"精度量测检测"工具，在立体像对中选择所加检查点对应的同名点，得到测试点坐标，最后单击"属性表"→"导出 csv"命令，从而导出精度检测报告，如图 8-27 所示。

图 8-27　精度检测

3. 图幅接边编辑

DLG 数据修改完成后,应再次对相邻数据进行接边处理,以保证数据的连续性和完整性。

(九)坐标转换

根据需求选择坐标转换的方法,以二维转换方法为例对坐标转换进行说明。

在南方 CASS 软件中打开整理完成的 DLG 成果及同名点数据,在菜单栏中单击"地物编辑"→"坐标转换"工具,在"坐标转换"窗口中添加公共点文件。其中一种方法为逐个单击公共点坐标进行拾取添加,另一种方法为单击"读入公共点文件"按钮进行添加,如图 8-28 所示。

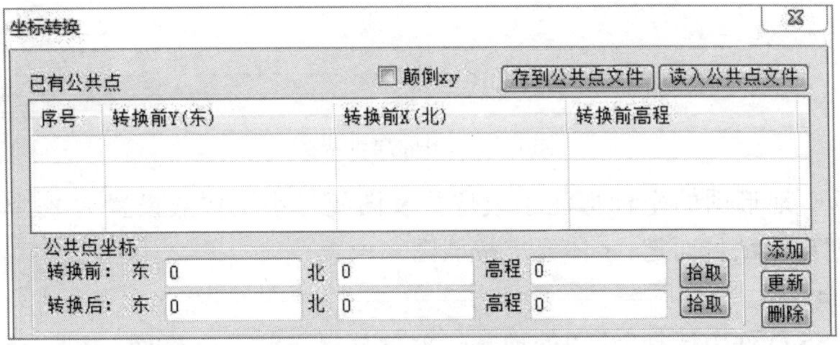

图 8-28　导入公共点文件

添加或导入公共点完成后,单击"计算转换四参数"按钮,从而得到如图 8-29 所示的参数值。

图 8-29　计算四参数

选择转换方式为"图形",单击"使用四参数转换"按钮后,全选需转换的图形来完成坐标转换。

(十)地形图分幅

由于测区面积大或者不规则,而输出的地形图产品一般为规则的图幅,所以需要进行地形图分幅,即把整个测区按照标准图幅分块输出。大比例尺地形图按规则矩形分幅,是指将地图产品以每幅图 50 cm×50 cm 或者 50 cm×40 cm 等标准尺寸输出。分幅的具体操作如下。

1. 图廓属性设置

在南方 CASS 软件中选择"文件"→"CASS 参数配置"命令,按照图形比例要求设置图廓属性,例如 1∶1 000/1∶2 000 地形图的设置,如图 8-30 所示。

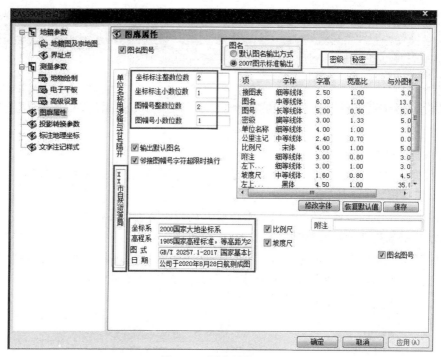

图 8-30 图廓属性设置

说明:1∶500 地形图的坐标标注小数位数及图幅号小数位数设置为 2;单位名称和坐标系、高程系、日期根据项目而定;字体要求按照图式设置。

2. 分幅输出

在南方 CASS 软件中选择"绘图处理"→"批量分幅"→"建立格网"工具,选择图幅尺寸为 50 cm×50 cm,删除空白图幅框。再单击"绘图处理"→"批量分幅"→"批量输出到文件"命令,在弹出的对话框中选择分幅图目录,单击"确定"按钮,命令栏中将弹出选项。依次单击 Enter 键后,图幅将逐一输出,此时完成了最终图幅分幅,如图 8-31 所示。

(十一)元数据制作

1. 元数据

元数据是描述数据的数据,主要是描述数据属性的信息,用来支持如指示存储位置、历史数据及资源查找、文件记录等功能。

2. 元数据文件的记录

元数据文件为一个纯文本文件,其结构采用左边为元数据项、右边为元数据值的存储结构,并且不限定字节数。

(1)元数据内容中所列出的各元数据项是元数据文件中都必须要提供的项,应逐项记录,不应有空项。有值时,必须如实记录;无值时,记为"无";值未知时,记为"未知"。其中某些元数据项的值可以根据不同的作业方法、产品需要或用户要求进行选择和增加,允许有缺省。

(2)元数据文件一般以图幅为单位进行记录。

(3)元数据文件的记录应根据生产、建库和分发等不同阶段分别进行记录。

(4)元数据文件中某些需用文字说明的数据项,应以简洁、清晰的语言完整表达。

(5)文档簿中填写的项目,其值和说明应与元数据文件中相应项目符合一致。

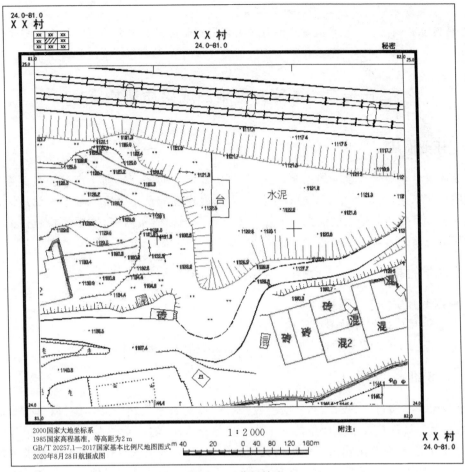

图 8-31　分幅输出

(6)"产品名称"应记录产品的全称,如:1∶2 000 数字矢量地图(DLG)。

(7)"产品生产日期""产品更新日期"应记录产品最后一次生产、更新的日期。

(8)"出版日期"指数字产品包装完成,可以对外提供的日期。

(9)"图名""图号"应记录新的图名、图号,如果图名中出现目前字库中没有的汉字时,可以用拼音代替并附加说明。

(10)"图外附注"指图廓外对图内某要素的附注说明信息。

五、思考题

1. 地图符号分为哪几类?

2. 什么是地图的数学要素,包括哪些主要内容?

3. 数字矢量地图外业调绘的内容有哪些?

4. 航测法生产数字矢量地图时,立体测图、地图编辑的主要内容分别是什么?

5. 数字矢量地图与数字正射影像图相比,有哪些优势?

6. 试列举出数字矢量地图上的地物、地貌要素大类。

7. 无人机航测法数字矢量地图的生产流程是什么?

8. 数字矢量地图的精度与哪些因素有关？

9. 传统立体测图生产数字矢量地图与倾斜摄影测量生产数字矢量地图相比有哪些优缺点？

任务二　数字矢量地图成果质量检查

一、任务描述

产品质量是企业管理永恒的主题，也是企业稳定发展的保证。测绘产品质量关系到工程建设的质量和安全，测绘产品质量检查工作成为工程建设的重中之重。数字矢量地图成果上交之前的一个重要环节是质量检查。本任务主要学习图幅质检内容、图幅质检软件的使用以及质检问题的整改等知识和技能。

二、教学目标

(1)掌握图幅质检包含哪些内容。

(2)学会使用质检软件做图幅质检。

(3)通过学习 DLG 成果质检，进一步培养精益求精的工匠精神。

三、知识准备

数字测绘产品实行"二级检查，一级验收"制度，即对数字测绘产品实施过程检查、最终检查和验收制度。过程检查由生产单位的中队(室)检查人员承担，最终检查由生产单位的质量管理机构负责实施，验收工作由任务的委托单位组织实施，或由该单位委托具有检验资格的检验机构验收。各级检查、验收工作必须独立进行，不得省略或代替。具体检查工作可参考行业标准《数字线划图(DLG)质量检验技术规程》(CH/T 1025—2011)。

(一)质检资料

首先应该按照要求提交检查验收的各类资料，一般应包括：

(1)项目设计书、技术设计书、技术总结等。

(2)文档簿、质量跟踪卡。

(3)数据文件，包括图廓内外整饰信息文件、元数据文件等。

(4)图形或影像数据输出的检查图或模拟图。

(5)技术规定或技术设计书规定的其他文件资料。

提交验收的资料还应该包括检查报告。凡资料不全或数据不完整者，承担检查或验收的单位有权拒绝检查验收。检查验收的依据有：有关的测绘任务书、合同书中有关产品质量的特性规定或委托检查、验收文件；有关法规和技术标准；技术设计书和有关技术规定。

(二)检查验收的记录及存档

检查验收记录包括质量问题的记录、问题处理的记录以及质量评定的记录等。记录必须及时、认真、规范、清晰。检查、验收工作完成后，须编写检查、验收报告，并随产品一起归档。

(三)质量元素

产品满足用户要求和使用目的的基本特性，这种特性可归纳为数字测绘产品的基本要求、数学精度、属性精度、逻辑一致性、要素的完备性和现势性以及整饰质量、附件质量等质量元素,见表 8-1。这些元素能予以描述或度量,以便确定所提及测绘产品对于用户要求和使用目的是否合格。

表 8-1　数字地形图产品质量元素

一级质量元素	二级质量元素
基本要求	文件名称、数据格式、数据组织
数学精度	数学基础
	平面精度
	高程精度
	接边精度
属性精度	要素分类与代码的正确性
	要素属性值的正确性
	属性项类型的完备性
	数据分层的正确及完整性
	注记的正确性
逻辑一致性	拓扑关系的正确性
	多边形闭合
	结点匹配
要素的完备性及现势性	要素的完备性
	要素采集或更新时间
	注记的完整性
整饰质量	线划质量
	符号质量
	图廓整饰质量
附件质量	文档资料的正确、完整性
	元数据文件的正确、完整性

(四)检查的内容与方法

1. 文件名及数据格式的检查

检查文件名及数据格式是否正确和符合规定。

2. 数学基础的检查

(1)检查坐标系统是否正确。

(2)将首末公里网、控制点等的图上坐标与控制点的已知坐标值进行对比。

3. 平面和高程精度的检查

(1)每幅图一般选取 20～50 个检查点做平面和高程精度的检查,这些检查点应为均匀分布、随机选取的明显地物点。

(2)检测方法。摄影测量采集数据的数字地形图按成图比例尺选择不同的检查方法。当比例尺大于 1:5 000 时,检测点的平面坐标和高程采用外业散点法按测站点精度施测,若内业加密能达到控制点平面与高程精度,也可用加密点来检测,而不必外业检测。也可以采用高精度资料或高精度仪器进行检查。

4. 接边精度的检查

通过量取两相邻图幅接边处要素端点 Δd 是否等于 0 来检测接边精度,未连接的记录其偏差值,检查接边要素几何上自然连接情况,避免生硬;检查面域属性、线划属性的一致性,并记录不一致要素实体的个数。

5. 属性精度的检查

(1)检查各个层的名称是否正确,是否有漏层。

(2)逐层检查各属性表中的属性项类型、长度、顺序等是否正确,有无遗漏。

(3)按照地理实体的分类、分级等语义属性检索,目视检查各要素分层、代码、属性值是否正确,有无遗漏。

(4)检查公共边的属性值是否正确。

(5)对照调绘片、原图检查注记的正确性。

6. 逻辑一致性检查

(1)用相应软件检查各层是否建立了拓扑关系及拓扑关系的正确性。

(2)检查各层是否有重复的要素。

(3)检查有向符号、有向线状要素的方向是否正确,如河流的流向。

(4)检查多边形的闭合情况,标识码是否正确,例如房屋面、植被面是否闭合,是否对应国标标识码。

(5)检查线状要素的结点匹配情况。

(6)检查各要素的关系表示是否合理,有无地理适应性矛盾,是否能正确反映各要素的分布特点和密度特征。

(7)检查双线表示的要素(双线铁路、公路)是否沿中心线数字化。

(8)检查水系、道路等要素数字化是否连续。

7. 完备性及现势性的检查

(1)检查数据源生产日期是否满足要求,检查数据采集时是否使用了最新的资料。

(2)采用调绘片、原图、回放图,必要时通过立体模型观察检查各要素及注记是否有遗漏。

8. 整饰质量检查

(1)检查各要素符号是否正确,尺寸是否符合图式规定。

(2)检查图形线划是否连续光滑、清晰,粗细是否符合规定。

(3)检查各要素关系是否合理,是否有重叠、压盖现象。

(4)检查各名称注记是否正确,位置是否合理,指向是否明确,字体、字大、字向是否符合规定。

(5)检查注记是否压盖重要地物或点状符号。

(6)检查图面配置、图廓内外整饰是否符合规定。

9. 附件质量检查

(1)检查所上交的文档资料填写是否正确、完整。

(2)逐项检查元数据文件内容是否正确、完整。

四、任务实施

数字测绘产品实施"二级检查,一级验收"制度。可根据组织形式、软件情况、工序情况,采用分幅、分层或按工序进行全部内容的检查。经过程检查修改的数据应转为最终成果的数据格式,方可上交进行最终检查和验收。作业人员要对自己所做地图产品做100%的自查,再由作业人员互查,最后交给内业主管人员进行过程检查;检查中若有质量不符合要求的,需要返回修改处理后,再次提交检查,直到检查合格为止。当最终检查合格后,可以提交验收申请。验收部门在验收时,一般按照检验批中单位产品数量 N 的 10% 抽取样本,可以采取随机抽样,也可以采取分级抽样,抽样产品若检查不合格,需要二次抽样检查。当验收工作完成后,应当编写验收报告。

主要检查内容有:第一步,目视检查图面地物地貌要素的完整度,检查是否存在丢漏;第二步,测图精度检查,主要通过导入检查点与图面进行比对,计算出平面和高程误差,与限差做比较;第三步,图面拓扑关系检查,检查是否存在压盖、交叉、缝隙、悬挂等拓扑错误。检查可以通过质检软件进行。

五、思考题

1. 试着写出点状要素、线状要素、面状要素的质检要点。
2. 什么是等高线的点线矛盾? 试分析造成点线矛盾的原因。
3. 什么是数据间的拓扑错误?
4. 图幅接边检查的重点检查项目是什么?
5. 数字测绘产品质量元素包括哪些内容?
6. 数字测绘产品质检所遵循的制度是什么?

任务三　数字矢量地图应用

一、任务描述

数字矢量地图是地理要素分层存储的矢量数据集,既包括空间信息也包括属性信息。数字矢量地图能进行空间信息的分层与叠加,根据矢量对象查询属性或根据属性查询矢量对象;数据易于更新与编辑,易于创建专题属性和绘制专题地图;能较全面地描述地表现象,满足各种空间分析要求。因此数字矢量地图可用于建设规划、资源管理、投资环境分析等,可作为人口、资源、环境、交通、治安等信息系统的空间基础数据。本任务主要学习 DLG 在工程建设中用于制作断面图、计算土方量等的基本应用。

二、教学目标

(1)以 DLG 为底图,能够使用南方 CASS 软件制作断面图和坡度图。
(2)能够使用南方 CASS 软件在数字矢量地图上计算土方量。
(3)学以致用,学会将专业知识技能转换为实践应用。

三、知识准备

(一)断面图

1. 定义

假想用剖切面将物体的某处切断,仅画出该剖切面与物体接触部分的图形,称断面图。

2. 作用

断面图用来表示物体上某一局部的断面形象。

3. 类型

(1)横断面图是指垂直于线路中线方向的剖面图,用来表示局部地形起伏。横断面图的比例尺一般采用1∶100或1∶200,以水平距离为横坐标,以高程为纵坐标,其纵横比例尺必须一致。土石方工程量的计算和施工放样,均以此作为依据。

(2)纵断面图是采用直角坐标,以横坐标表示里程,以纵坐标表示高程,反映沿着中线地面起伏形状的剖面图。

4. 断面图的绘制

绘制断面图的方法有4种:一是利用野外观测得到的包含高程点的文件直接绘制;二是利用里程文件,一个里程文件可包含多个断面的信息,此时绘制断面图就可一次绘出多个断面;三是根据断面线与等高线的交点来绘制纵断面图;四是根据断面线与三角网的交点来绘制纵断面图。

(二)坡度图

坡度图是表示地面倾斜率的地图。主要用晕线或颜色在图上直接表示出坡度的大小或陡缓。

坡度数值通常用一个倾斜面与水平面间的夹角,即倾斜角度表示,也有用地面比降分数式或百分率表示的。编制坡度图要借助于带有等高线的地形图,大比例尺图图廓下方多附有坡度尺,可用其所标示的各级坡度值相应的等高线之间的水平距,量出各级坡度。实际作图时,往往用等高线密度尺在地形图上进行坡度分级。其分级标准,多根据人类改造和利用自然实际需要的坡度临界极限,或各地貌类型自然界限值进行确定。坡度图在农业、林业、水利建设及军事等方面均有重要实用价值。

(三)土方量

土方量是指各项土石方工程量(挖方工程量、填方工程量)之总和,计量单位一般为立方米(m^3)。

在现实中的一些工程项目中,经常遇到因土方量计算的精确性而产生的纠纷。因此如何利用测量单位现场测出的地形数据或原有的数字地形数据快速准确地计算出土方量成了工程建设非常关心的问题。

1. DTM法土方量计算

由DTM模型计算土方量是根据实地测定的地面点坐标(X,Y,Z)和设计高程,通过生成三角网来计算每一个三棱锥的填挖方量,最后累计得到指定范围内填方和挖方的土方量,并绘出填挖方分界线。

DTM法土方量计算共有三种方法:一是由坐标数据文件计算,二是依照图上高程点进行计算,三是依照图上的三角网进行计算。前两种方法包含重新建立三角网的过程,第三种方法直接采用图上已有的三角形,不再重建三角网。

2. 断面法土方量计算

断面法土方量计算主要用在公路土方量计算和区域土方量计算,对于特别复杂的地方可以用任意断面设计方法。断面法土方量计算主要有道路断面、场地断面和任意断面三种计算土方量的方法。

3. 方格网法土方量计算

由方格网来计算土方量是根据实地测定的地面点坐标(X,Y,Z)和设计高程,通过生成方格网来计算每一个方格内的填挖土方量,最后累计得到指定范围内填方和挖方的土方量,并绘出填挖方分界线。

4. 等高线法土方量计算

等高线法土方量计算是针对无高程数据文件的 DLG 图而设计。用此方法可计算任意两条等高线之间的土方量,但所选等高线必须闭合。由于两条等高线所围面积可求,两条等高线之间的高差已知,可求出这两条等高线之间的土方量。

5. 区域土方量平衡法土方量计算

区域土方量平衡法常在场地平整时使用。当一个场地的土方量平衡时,挖掉的土方量刚好等于填方量。以填挖方边界线为界,从较高处挖得的土石方直接填到区域内较低的地方,就可完成场地平整。这样可以大幅度减少运输费用。此方法只考虑体积上的相等,并未考虑砂石密度等因素。

6. 平均高程法土方量计算

平均高程法计算是在场地内每隔一定的间距(通常为 20 m)测一个碎部点,把所有的碎部点高程相加取平均值,作为场地内的平均高程。再以平均高程值减去设计高程后乘以场地面积得到土方量。

四、任务实施

(一)制作断面图

使用南方 CASS 软件以××市××镇××村 1∶500 DLG 为基础数据,学习利用野外观测得到的包含高程点的文件绘制道路纵断面图的方法。

1. 绘制道路纵断面线

绘制后的道路纵断面线(道路中心实线),如图 8-32 所示。

在计算断面图起始位置的道路中心绘制一条与道路平行的复合线,复合线第一点默认为断面起始里程,复合线根据项目要求及地形变化适当增加结点,复合线长度取决于道路纵断面长度,按设计长度绘制。本实例取 120 m 的长度。

2. 断面线上取值

在南方 CASS 软件的工具栏中选择"工程应用"→"绘断面图"→"根据已知坐标"命令,选择所绘断面线,弹出"断面线上取值"对话框,如图 8-33 所示。

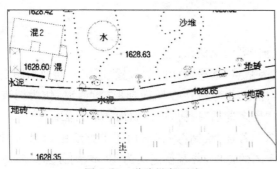

图 8-32　道路纵断面线

图 8-33　"断面线上取值"对话框

3. 断面基础信息录入

1)选择已知坐标获取方式

已知坐标获取方式有两种选择,即"由数据文件生成"及"由图面高程点生成"。若选"由数据文件生成",则在"坐标数据文件名"中选择已知的高程点数据文件;若选"由图面高程点生成",则在图上选取高程点,前提是图面存在高程点,否则此方法无法生成断面图。

2)输入采样点间距

采样点间距是绘制断面图时每隔 X m 生成一个里程点并标记此点高程值。如输入 20 m,则断面图生成后会由起点位置至终点位置每间隔 20 m 生成一个格网,并标注里程数及高程值。

3)输入起始里程

起始里程代表该断面图绘制时里程的起算里程点。

说明:"采样点间距"与"起始里程"按设计要求输入,如无特别说明则为系统默认值。

输入完成后,单击"确定"按钮,出现"绘制纵断面图"对话框,如图 8-34 所示。

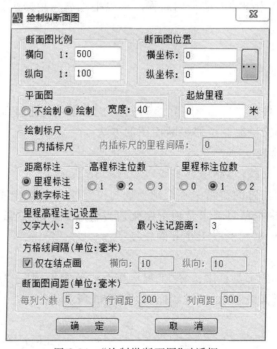

图 8-34 "绘制纵断面图"对话框

4. 断面参数设置

(1)断面图比例尺:分别定义断面图横向、纵向比例尺。

(2)断面图位置:以断面图图表左下角为基点,选择断面图的位置,即定义断面图图表左下角的坐标位置。该位置可根据需要输入坐标值,也可直接在图面选取一点坐标作为图表的位置基点。选取时在坐标值输入框右侧单击"更多选项"按钮,进入图面选取页面。

(3)平面图绘制:选择"是否绘制平面图",若选"绘制"则在断面图下方绘制与当前图面比例尺相同的平面图,"宽度"可定义绘制平面图的宽度,若宽度定义为 40 m,则分别将断面线两侧 20 m 范围内的平面图要素绘制出来,如图 8-35 所示。

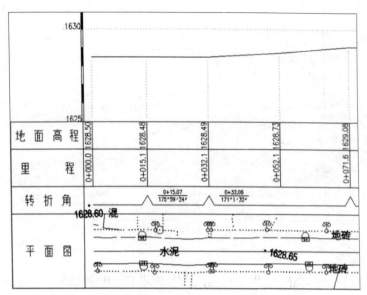

图 8-35 断面图中的平面图绘制

(4)起始里程:再次确认断面图的起算里程点。

(5)内插标尺:若选择,则在右侧输入需内插的间隔;若不选择,则断面图只在图面两端显示标尺。

(6)注记设置:包含里程标注格式、高程标注位数、里程标注位数、文字大小及最小的注记距离。里程标注格式要在断面图采样点中选择不同的标注格式,示例如下:

里程标注格式为:0+000.0,0+020.0,…,0+100.0。

数字标注格式为:0.0,20.0,…,100.0。

小数点后位数在里程标注位数中选择。同理,高程的小数位数也可在高程标注位数中选择。在相应的对话框中输入里程及高程的文字注记"文字大小"及"最小注记距离"。

(7)方格线间隔:如选择"仅在结点画",则断面线在保留采样点间距基础上增加结点格网线并标注里程及高程值;若不选择,则在右侧对话框中输入自动生成的格网间隔。同一条断面线不同格网间隔的表示方法如图 8-36 所示。

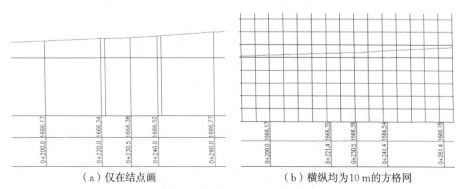

(a)仅在结点画 (b)横纵均为10 m的方格网

图 8-36 格网间隔表示方法

5. 断面图生产

设置完毕后,单击"确定"按钮,在屏幕上出现所选断面线的断面图,如图 8-37 所示。

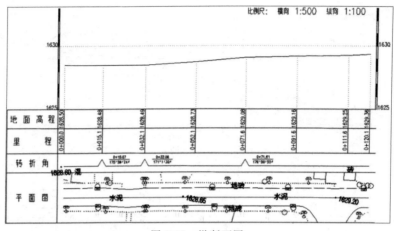

图 8-37　纵断面图

(二)制作坡度图

坡度图中可采用图面高程点、等高线等具有三维信息的地物地貌符号生成 DEM 格网,采用 ArcGIS 软件制作坡度图及坡度分析(详见项目五中相关内容),具体方法不再赘述。

(三)计算土方量

可使用南方 CASS 软件计算土方量。南方 CASS 软件中含有方格网法、等高线法、断面法、DTM 法、区域土方量平衡五种土方量计算方法。DTM 法中包含"根据坐标文件""根据图上高程点"及"根据图上三角网"三种方法,此三种方法利用图上高程或已知的三维坐标数据来生成三角网,再通过计算每个三角网三棱锥的填挖方量得到整个区域内的土方量。以××市××镇××村 1∶500 DLG 地形图为基础数据,利用 DTM 法中"根据坐标文件"方法计算某一区域的土方量。具体步骤如下。

(1)围绕计算土方量的区域绘制一条复合线,如图 8-38 所示。

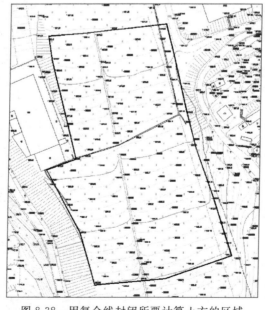

图 8-38　用复合线封闭所要计算土方的区域

（2）选择"工程应用"→"DTM 法土方计算"→"根据坐标文件"命令，先选择边界线，再选择坐标数据文件，弹出"DTM 土方计算参数设置"对话框，如图 8-39 所示。

"DTM 土方计算参数设置"对话框中的相关命令设置说明如下。

区域面积：复合线围成多边形的水平投影面积。

平场标高：设计要达到的目标高程。

边界采样间距：边界插值间隔的设定，默认值为 20 m。

边坡设置：点选"处理边坡"，选择放坡的方式，本示例不处理边坡。

DTM 土方计算参数设置完成后，单击"确定"按钮，求出填挖方量，如图 8-40 所示。

图 8-39　"DTM 土方计算参数设置"对话框　　　图 8-40　填挖方量提示框

三角网、填挖方量的分界线，如图 8-41 中虚线所示。

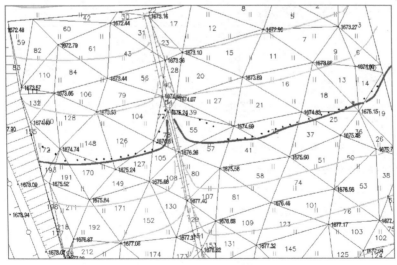

图 8-41　填挖方量分界线

关闭填挖方量提示框后，在图上任意位置单击，南方 CASS 软件以此点为基点绘出表格，包含平场面积、最小高程、最大高程、平场标高、挖方量、填方量和图形等信息，如图 8-42 所示。

图 8-42　DTM 土方计算结果

五、思考题

1. 断面图可分为哪两类？利用数字矢量地图生产断面图，主要应用数字矢量地图的什么特征？

2. 基于数字矢量地图制作坡度图的流程是什么？

3. 试述利用数字矢量地图计算土方量的步骤。

4. 坡度图与纵断面图有什么异同？

5. 试着列举出数字矢量地图的其他典型应用案例。

参考文献

［1］蔡姬雯,陈曦,刘鹏姣,等.实景三维中国建设项目中的DEM成果质量检查方法与实践[J].测绘与空间地理信息,2021,44(A1):322-326.

［2］段延松,曹辉,王玥.航空摄影测量内业[M].武汉:武汉大学出版社,2018.

［3］符校.基于Arcgis的数字高程模型质量检查方法[J].建材与装饰,2017(18):66-67.

［4］关艳玲,张志彬,陈才义,等.基于虚拟现实技术的DEM质量检查软件设计与实现[J].辽宁科技大学学报,2018,41(3):225-231.

［5］国家测绘地理信息局.空中三角测量成果检验技术规程:CH/T 1039—2018[S].北京:测绘出版社,2018.

［6］国家测绘局.低空数字航空摄影规范:CH/Z 3005—2010[S].北京:测绘出版社,2010.

［7］姜阳.在全球测图项目中DEM成果检验方法的研究[J].经纬天地,2018(6):73-76.

［8］全广军,康习军,张朝辉.无人机及其测绘技术新探索[M].吉林:吉林科学技术出版社,2019.

［9］孙毅.无人机驾驶[M].北京:高等教育出版社,2010.

［10］王晔.DEM检查方法应用探讨[J].测绘与空间地理信息,2017,40(3):111-113,121.

［11］魏易从,曹建君.数字高程模型(DEM)质量检验方法研究[J].矿山测量,2020,48(4):129-131,135.

［12］吴献文.无人机测绘技术基础[M].北京:北京交通大学出版社,2019.

［13］张蕊.数字测绘产品DEM质量研究与应用[D].合肥:合肥工业大学,2016.